The Story of Seeds

种子故事

《种子故事》编委会　著

知识产权出版社

全国百佳图书出版单位

—北京—

图书在版编目（CIP）数据

种子故事 /《种子故事》编委会著 . —北京：知识产权出版社，2024.4
ISBN 978-7-5130-8993-7

Ⅰ . ①种… Ⅱ . ①种… Ⅲ . ①种子—普及读物 Ⅳ . ① Q944.59-49

中国国家版本馆 CIP 数据核字（2023）第 232938 号

责任编辑：高志方 责任校对：潘凤越
封面设计：陈 珊 陈 曦 责任印制：孙婷婷

种子故事

《种子故事》编委会 著

出版发行：	**知识产权出版社**有限责任公司	网 址：	http://www.ipph.cn
社 址：	北京市海淀区气象路 50 号院	邮 编：	100081
责编电话：	010-82000860 转 8512	责编邮箱：	15803837@qq.com
发行电话：	010-82000860 转 8101/8102	发行传真：	010-82000893/82005070/82000270
印 刷：	三河市国英印务有限公司	经 销：	新华书店、各大网上书店及相关专业书店
开 本：	720mm×1000mm 1/16	印 张：	16.25
版 次：	2024 年 4 月第 1 版	印 次：	2024 年 4 月第 1 次印刷
字 数：	250 千字	定 价：	98.00 元

ISBN 978-7-5130-8993-7

编 委 会

主 编

韩　芳　黄生斌　窦欣欣

副主编

张连平　苟天来　李志强　福德平

编 委

牛　茜　王　仲　李香景　黄少虹　邢　蕾　邢燕霞　王　平

张海娇　李璐瑶　陈浩东　齐　欣　李高僖　李岩浩　王蒙蒙

赵天浩　郑启明　屈梦丽　郑坤畅　杨静怡　贾倩倩　管可意

马卓然　杨润琳　刘　博　马嘉怡　路静宜　刘　兴　李双一

尹路人　曹莉艳　张椿雨　赵　硕　王云杰　刘伯恺　张思凡

李　韶　郑　迪　黄　琳　贾得有　李嘉雯　宋胜明　王丽霞

王维宁　张君瑶　袁　柯　张熙雨　陈立军　叶翠玉　田慧芳

金宝燕　徐淑莲　高银芝　昝立红　邢艳红　张盼盼　刘建峰

李　冲　续连杰　杜　钢　侯淑敏　陈宗玲　贡瑞明

序

　　种质资源是农业科技原始创新和种业发展的核心"芯片"。新中国成立以来，多数农作物品种历经 7 次至 9 次更新换代，每一次都得益于种质资源研发上的突破，有力地保障了国家粮食安全和农产品有效供给。随着工业化、城镇化进程加快，以及气候环境等变化，种质资源数量和分布变化很大、消失风险加剧，其蕴含的优异基因也将随之消亡，损失难以估量。为此，2015 年国家启动第三次农作物种质资源普查与收集行动，按照农业农村部的总体部署，北京市于 2019 年全面开展这项行动，历时 3 年，新发现大米豆、青谷子、大披头高粱、珍珠挂黏高粱等地方特色品种资源，挽救了一批即将消失的珍贵地方品种，其中八棱脆海棠被评为 2019 年"十大优异种质资源"；对大黄番茄、鞭杆红胡萝卜、玉巴达杏、胭脂稻等资源进行开发利用，带动了京郊乡村特色文旅产业发展。

　　优异种质资源是中华农耕文化的载体，是北京文化历史传承的重要媒介，蕴涵着很多精彩的故事值得挖掘和记录。《种子故事》一书汇集了北京市在资源普查与收集行动中，各区种质资源保护、利用、传承背后的系列生动故事，融入了农作物种质资源和生物多样性知识，以及宣传普查与收集行动成果。该书的出版发行为农作物种质资源普查与收集行动和保护利用增添了一抹靓丽的色彩，也为提升社会公众保护和有效利用种质资源意识，建设北京种业之都氛围奠定良好基础。

中国农业科学院作物科学研究所研究员

中国工程院院士

2023 年 12 月 1 日

目 录

种子 故事
The Story of Seeds

昌平区

种子故事｜阳光下的红色高粱地

在北京西北部燕山脚下，流传着"先有明陵寺，后有和平寺"的说法。村里的土壤为洪积冲沙石性土地，地下水资源十分贫乏，然而山场林木茂盛，全村绿化面积达到 80% 以上。就在这样一个历史悠久、环境优美的村庄里，居住着一户普通的农民家庭，女主人谷秀玲向我们介绍道："我在这里出生，在这个村住了一辈子，村里的一草一木都在我的心里。"

充满阳光的田间种满了高粱，高粱顶端结满了淡红色颖果，那是高粱的种子。在广阔的土地上，高粱沐浴着阳光，充分享受阳光带来的温暖。微风吹过田间，一片一片的高粱轻轻摆动，在风中沙沙作响。孩子们在田间嬉戏玩耍，母亲在家中用高粱准备午饭，父亲则站在自家的大酒缸旁边，欣赏自己酿造的白酒。这就是谷秀玲脑海中儿时生活的场景。

谷秀玲说道，高粱喜温、喜光，非常适合在本地种植。在那个吃不饱的年代，高粱可以作为主要的粮食。记得那时，家里把高粱磨成红面粉，有时蒸红窝头吃，有时拌红汤喝。有时想改一改口味，就往高粱面里搅入一些榆皮面，再加少许蒿籽，用饸饹床压成红面条。高粱的吃法很多，村里有些人家把高粱炒熟后，再磨成红面，或干吃，或拌水吃。本地人把这种炒熟的红高粱面称为"炒面"，这样吃起来方便，就像如今商店里卖的各种"方便面"一样。另外，高粱还是酿酒的主要原材料，高粱酒历史悠久。谷秀玲回忆起父亲酿酒时，需要经历挑选原料、粉碎原料、蒸煮、冷却、加入酒曲、静等发酵、蒸酒等过程，最后得到一坛香味醇正、香气扑鼻的高粱酒。

老高粱

　　高粱除具有食用价值以外，还有较高的药用价值。高粱米味甘，性温、涩。通常具有补气、健脾、养胃、消积、止泻、利尿、凝气安神等作用，消化不良、脾胃虚弱的人群适合使用。高粱里面含有镁元素，能够减少心血管疾病的发生，而且高粱还可以延缓血糖的升高。

　　谷秀玲说高粱的作用不止这些，她又开始推荐起自己家里扫地用的笤帚。她说把高粱的秸秆晒干后再打捆，就可以制作成一把原始的笤帚，可千万别小看这种古老方法制作出来的笤帚，用它扫地非常干净。谷秀玲非常喜欢高粱秸秆制作的笤帚，至今还在使用。

　　当询问谷秀玲，如今家里是否还种植高粱时，她非常惋惜地摇摇头，说："自从父母年纪大了，就不种高粱了，太累了，干不动了。"谷秀玲听她的爷爷说过，村里一直有种高粱的习惯，但是渐渐地，随着年轻人外出打工，留在农村种地的年轻人越来越少了，村里也就渐渐地没有人种高粱了。种地是一件非常辛苦的事，谷秀玲说："我亲眼见父亲把高粱籽撒在这块地里，再撒上肥料，而后用犁耕过。撒籽容易，埋籽也容易。只是高梁苗出土后锄草费力气，一般锄草技术差的人和体质不太强壮的人是很难支撑下来的。第一遍锄草还好，破一破幼苗，砍一砍小杂草也就行了。高粱长到齐腰高，开始拔节，要锄二次草。高粱的第二次锄草，一是锄砍杂草，二是用锄头刨土往高粱的根部培。砍杂草，花不了多少力气，而一锄头一锄头刨土往高粱根部培是够累人的。双手握锄把，要稳要轻要用力平衡。腿呈弓步，腰杆直立。锄刃既不能太深伤了高粱根，也不能入土太浅只划个地皮、刮一层瘦土培到根部应付了事。"除了耕种非常辛苦，还有一个放弃种植高粱的原因，就是高粱作为主食，食用口感不好；作为酿酒的原材料，以家庭为种植单位，种植规模小，种植的成本太高，自己酿酒不划算，不如直接去超市买酒喝。随着生活水平的提高，现在村里更多人选择种植果树，例如昌平的苹果、梨、李子，还有最近特别火的黄桃。村民在自留地里种上两棵树，平时浇浇水就可以，收的水果就够家里几口人吃，比去外面买水果划算，也比种粮食省事，所以现在村里没有人再种高粱了。

　　随着社会变迁，曾经阳光下那一片片红色高粱地的场景就只能出现在谷秀玲的回忆里了……

种子故事 | 李振和对土地的一份情感

　　本篇故事介绍的种子所在地位于北京西部的一个村子。该村地势为两山夹一路，交通便利，是休闲养生的好去处。此地东西狭长，四周群山环绕，植被葱郁茂盛，气候清爽宜人。来到这里可以除去生活中的烦恼、竞争中的疲劳；来到这里可以与青山小鸟为伴，寻觅刚刚逝去的昨天。

　　在这片富有灵气的土地上，人们可以领略它的自然风光，探寻它那深厚的文化底蕴。这里曾是历朝兵家必争之地，当年的艰苦鏖战，给这里烙上了历史的印迹。这里有杨六郎屯兵的"六郎城"及明长城、阎罗洼的秦长城等古刹遗址。在这里人们能够寻幽探古。

　　这里野生动物种类繁多，山羊、狍子、松鸡、草兔、松鼠等时常出没在山巅、山谷林间。这里更是鸟儿的天堂，听其声、见其物、融真情，真应了古人佳句：蝉噪林逾静，鸟鸣山更幽。在这里充分体现了人与自然的和谐之美，让城里人游果园，摘鲜果，入山林，享尽天然乐趣，饱尝人间真情，这里不是人间仙境，却似世外桃源。

　　该村有多家民俗旅游接待户，服务设施齐全，能同时接待游客上百人。餐饮突出了本地特色，有压饸饹、贴饼子、棒碴粥、山野菜。还有晚间篝火、燃放鞭炮等娱乐活动，充分体现了乡村民俗风光。

　　种植菜豆的李振和大爷一家就居住在该村。

　　李振和已经到了耳顺之年。别瞧年岁已高，但是说起话来底气十足。在他的家中，就种植着菜豆。据李振和说，家里种植菜豆已经有些年头了，他家种的菜豆俗称"民豆角"，他虽然记不清种植的具体年头，但一提到菜豆，便分享了很多很多。

民豆角

李振和首先讲解了菜豆的营养价值。菜豆里含有皂苷、尿素酶和多种球蛋白等独特成分，具有提高人体免疫力，激活 T 淋巴细胞，促进脱氧核糖核酸的合成等功能。菜豆中的皂苷类物质能降低脂肪吸收功能，促进新陈代谢，所含的膳食纤维还可缩短食物通过肠道的时间，起到减肥的作用。尿素酶对于肝性脑病患者有很好的效果。菜豆是一种高钾、高镁、低钠食物，尤其适合心脏病、动脉硬化、高血脂、低血钾症和忌盐患者食用。另外，吃菜豆对皮肤、头发都有好处，能促进肌肤的新陈代谢，促使机体排毒，令肌肤更加光滑细腻。

李振和还说："我们家菜豆虽然种得不是很多，只有大概两个院子，是在那种比较长的架子上面种。但是我们家种出来的菜豆，成色非常好，村子里不少家庭都找我要菜豆种子。"李振和颇有些激动，紧接着又说道："种植这个菜豆啊，还是比较讲究的，因为在我们这里呀，气温还是比较冷的。我们家种这个菜豆比较晚，不敢太早，一般在五月底才进行播种，如果播种得早的话，这个菜豆很大可能会出现烂根、整株不能成活的情况。"李振和的话语能够给人一种经常忙于农作、在大山深处面朝黄土背

朝天的朴实之情。

李振和回忆道，家里种植菜豆已经有些年头了，除了种植菜豆，还会种一些西红柿、尖椒、黄瓜、菠菜、油菜之类的，收成虽然不多，但是可以满足家里的食用需求。当被问到种这些果蔬有没有用肥料时，李振和说家里还养了几只老母鸡，主要是来收获鸡蛋，平时就用鸡粪掺和泥土，解决肥料的问题。他还特别叮嘱，绝对不可以一播种就施肥，如果这样，种子会被肥料杀死。

民豆角种子

一般等到八月底、九月初的时候，菜豆就会完全成熟。在后秋的时候，把成熟饱和的菜豆晒干，留下种子。只要不去摘，它自己在架子上就会干掉，然后把这个种子收起来，等着明年再种植。

说着说着，李振和语调一沉："现在啊，村子里面的人是越来越少了，都是像我这样的老年人。年轻人都外出务工，早出晚归的也很辛苦。在我们家呢，也只有我一个人来照顾这个菜地，就是感觉少了什么……"

其实，在这个村里，不仅仅李振和家是这样，还有很多家庭也是这样，年轻人外出务工，老人就在家里种种蔬菜。尽管种植蔬菜不能带来很大的经济效益，但这或许是老人对土地的一份情感、一份寄托、一份心灵慰藉吧。

菜豆秧

种子故事 | 老一辈的精神支柱：
庄稼之王"白马牙"

　　"原始味，天然香，白马牙，送健康。"这说的就是"白马牙"玉米，其最大的特点就是茎秆粗壮、挺拔，籽粒圆润、洁白。由于穗子硕大，籽粒像骏马的牙齿，所以被称为"白马牙"。它是北方玉米的代表，可谓"庄稼之王"。

　　"一个基因可以拯救一个国家，一粒种子可以造福万千苍生。"这是钟扬教授的话。从教 30 余年，援藏 16 年，他带领团队收集了上千种植物的 4000 万颗种子，他把自己活成了一颗追梦的"种子"。北京市昌平区，也有那么一位永久地保留着"白马牙"种子的老农民，名叫钟铎。

　　钟铎今年 80 岁了，"白马牙"玉米陪伴了他一辈子。"这是我们那一辈最喜欢吃的食物了！"这是我电话回访时钟铎一句语重心长的话，在我脑海中久久不能忘怀。听钟铎说，小的时候他一直不明白，在他父亲生活的那个年代，为什么守着土地反而吃不饱饭，尤其是 20 世纪 60 年代"三年困难时期"，人饿得都变了形，唯一让他记住的就是能吃上一根"白马牙"玉米，对于他们来说那简直是"人间美味"。在那个年代，国家正在实行社会主义公社、农业合作化，再加上天灾，正处于新中国成立初期的困难时候，我国在农业方面没有任何化肥，更谈不上机械化，全靠人工种植。一些不耐活的农作物一旦遇到自然灾害就会颗粒无收，忙活一年，等来的却只有饥饿和寒冷。那时候，地里面的野菜都被挖光了，树皮也多被人扒得光光的。

　　说到村里历史的时候，钟铎说，从他有记忆开始，他的父亲就种植这种玉米，在当时这是村里的主要粮食。在他们的印象中，"白马牙"就一直在他们村子里种植，大家都很珍惜，很喜欢，很有默契地延续下来。这么多年过去了，老一辈的人还经常说到"白马牙"，说它不挑做法，不管怎么吃，都很美味。"白马牙"这个名字，上一辈的人都记得清清楚楚，钟铎到现在都还在津津乐道着自己在田地里收获"白马牙"时候的喜悦。

　　当时村里农作物以玉米为主，为了提高人均口粮，只能种产量高的玉米。"白马牙"是村里的主要粮食作物之一。村民们的主食都以玉米为主，这样就省事了，一大锅的稀饭，可以让一家人吃得饱饱的。有时候，他们会把新收获的玉米放在石碾子上研磨，碾出的玉米面呈银白色，口感甜糯鲜美，还有时会直接煮上吃粗粮。

　　随着时代的变迁，人们吃玉米的方式也有了很大的改变。那个时候，冬天一家人聚在一起取暖，一次煮上十七八个玉米，一家人吃得都很开心。还有一种吃法，就是用一根筷子粗细的荆条，从玉米芯最柔软的地方刺入，再用炉子里剩下的草木灰盖好，大概二十多分钟就能吃了。一家人围坐在一起，津津有味地吃着新鲜的玉米粒，十分温馨。在那个时代，人们都很节俭，就连玉米芯上的嫩芽也会被吃得干干净净，因为这是玉米的精华所在。

白马牙

"白马牙"玉米秸秆不但长得很高，而且很结实，就算是狂风也很难将其摧毁。尤其是"护荐根"，深深地扎进土壤中，可以有效地防御自然灾害。在这些"护荐根"的帮助下，玉米养成了一种坚韧挺拔的个性。每当遇到暴风雨时，大片大片的谷物、高粱就会被绞断，令人揪心，"白马牙"却极少会出现这种情况。"白马牙"的叶片很厚，上面的纹路清晰可见，如果仔细看，甚至能看到里面有绿色的液体在流动。叶片在微风中有节奏地摇曳着，发出悦耳的声响，仿佛在探索和触碰着自然的无穷奥秘。此时，你会感受到生命的力量，会有一种强烈的冲动，张开双臂，拥抱大自然，拥抱"白马牙"。

"白马牙"是一种叶片茂盛的玉米，必须要点播种。因此，凡是种植"白马牙"的地方，都需要最强壮的牛、最大的犁头，这样才能完成播种。所谓"点播种"，就是一个人拿着锄头在前面挖坑，另一个人在后面扔种子。这需要两个人的配合，把锄头铲起的第二个坑的泥土，刚好盖住了第一个坑。抛种子的人，要在两锄的动作间，将种子扔得很准。点播种完，等到玉米苗长到三寸高的时候，就该间苗了，这样才能更好地生长。间苗时按照一定的间隔，保留长势健壮的幼苗，去除多余弱小的幼苗。另外，还需要锄地，又叫作松土，将玉米地里的杂草和泥土翻上两三次，既可以去除杂草，又可以让土壤疏松透气，最后再用铲子将泥土围在玉米的根部，让植株生长得更为牢固，种植"白马牙"的过程就算完成了。

阳历八月是"白马牙"的盛期。"白马牙"的穗子很美，像是一朵朵绽放的烟花。从高空往下看，玉米地已经从墨绿变为浅黄，一阵风吹过，玉米就会随风摆动。秋天是收获的季节，把玉米收回家晾干，闲下来将两根玉米棒子互相摩擦，很快就能剥下所有的玉米粒。玉米芯留下来，冬天用来生火取暖。

千百年来，祖祖辈辈面朝黄土背朝天的庄稼人，凭着他们的勤劳与智慧，不断在风里雨里试种、筛选、培育，由此获得了这上好的能抗击自然灾害特别是风灾的优良玉米品种。那时的农民，都喜欢"白马牙"，认可"白马牙"，他们说"白马牙"是庄稼人的天。大风袭来，它自岿然不动，就凭这，庄稼人心里就踏实、有底。

　　但是，钟铎说不知从什么时候开始，他的父亲好像不爱笑了。是啊，随着时代的变迁，"白马牙"慢慢地消失在人们的视野里。生活逐渐富裕，农房也慢慢地变成了小楼，周围的农田也被交通绿化取代形成风景区、旅游点。生活物质比之前充足，村里人也都出去上班了，很少有人继续种地，大部分是老一辈没事做，去小农田里锄锄，自种自吃。几十年来，西山口村慢慢地不再种植"白马牙"玉米了，但钟老爷子依旧保留着曾经的技艺，依旧种植着少部分"白马牙"。我想钟老爷子是为了留住记忆中那一口健康的自然香吧。

　　虽然城市的发展使我们的生活越来越好了，但世界上渐渐缺少了"白马牙"的影子，没有了它屹立在夜幕下美丽农田中的景象，也没有秋收时收获一大袋子果穗的开心了。这些回忆都停留在了钟铎的记忆深处，定格成了属于他的美好回忆。

种子故事 | 希望的种子

　　本篇故事介绍的种子所在地位于北京市昌平区，地处北京西北部燕山脚下，成村于明代。新中国成立后，该村归河北省第八区管辖。1953年，划归为北京市昌平县。

　　该村曾有过辉煌的历史，流传着"先有明陵寺，后有和平寺"的说法。明陵寺坐落于老村村内的山根处。该寺因在明代修建，故为明陵寺。由于年久失修，明陵寺已毁。在20世纪80年代，村集体经济实力位居昌平县前五名，各种农车、农机的数量在乡里首屈一指。村民共同奋斗，团结一心，在当时人均收入相对薄弱的时期，村内经济仍名列前茅。后来由于村领导班子不稳定，逐渐从富足走向没落。近年来，村集体经济发展仍难有较大起色，经济基础薄弱，村民主要经济收入以种植和劳务输出为主。

　　我们故事的主人公谷秀玲就生活在这片土地上，农田坐落在连绵起伏的丘陵和绿色田野之间，对她来说这是一个和平与安宁的地方。谷秀玲已年过半百了，她是一个勤劳的人，最喜欢做的就是照料庄稼，看着它们长大。有一年，谷秀玲决定种一茬豆子，这种豆子名叫菜豆。菜豆用途广泛，营养丰富，既是中国食品加工工业的原料之一，也是出口创汇的优质农产品。云南、贵州、河北、黑龙江等均有大量出口。鲜食的菜豆因色泽嫩绿、肉荚肥厚、味道鲜美、营养价值高而深受消费者喜爱。菜豆可供煮食、炒食、凉拌，还可以进行干制、速冻等加工，是一种鲜嫩可口，色、香、味俱佳，营养丰富的优质蔬菜。谷秀玲最喜欢种植的作物之一就是豆类。她一直对它们由微小的种子变成郁郁葱葱的绿色植物、精致的白色花朵和丰满又营养丰富的豆荚的过程着迷。她也喜欢它们的味道，无论是简单的炒菜还是丰盛的炖菜。一开始她花了几个小时准备土壤，耕种并添加堆肥以使其肥沃。当时机成熟时，她小心翼翼地种下豆子，确保它们的间距均匀，并且有足够的生长空间。几个星期过去了，谷秀玲每天照料她的豆类植物，给它们浇水、除草。她看着植物发芽，渐渐长得又高又壮。随着夏季炎热的来临，豆子开始长得更快，谷秀玲很高兴看到它们结出了又小又绿的豆荚。她知道这些豆荚很快就会长成饱满多汁的豆角，随时可以收获。谷秀玲努力工作，以保持她的菜豆健康。随着时间的推移，豆荚长得越来越大。终于到了收获的时候了，谷秀玲非常兴奋，她的辛勤工作得到了回报，一个又一个篮子里装满了丰满的绿色豆荚。在接下来的几周里，谷秀玲对豆子进行挑选和分类，为上市场做准备。她很自豪能把她的豆角带到当地的农贸市场，在那里被心怀感激的顾客抢购一空。

豆角

每年，谷秀玲都会将农田的很大一部分用于种植豆类。她会在春天播下种子，精心培育幼苗。随着植物的生长，谷秀玲会不知疲倦地除草，定期给植物浇水以确保它们获得茁壮成长所需的水分。但种植豆类并非没有

挑战。天气常常变幻莫测，突如其来的暴雨或干旱可能会给农作物带来灾难。谷秀玲学会了应对这些挑战，找到了保护植物免受恶劣天气影响并保持健康的方法。尽管面临挑战，但谷秀玲仍为她种植的豆子感到非常自豪。她知道她不仅要养家糊口，还要养活市场。她的许多顾客都把豆子作为蛋白质和营养素的来源，谷秀玲很高兴能够为他们作出贡献。

随着岁月的流逝，谷秀玲成为该地区有名的豆农。人们从数里地外赶来购买她的豆子，她的豆子总是质量上乘。她能够以高于市场均价的价格出售她的豆子，大大提高了家庭收入。谷秀玲很乐意卖掉她的豆子，而且总是确保定价公道。她知道自己的生计是靠庄稼收成的，她不想占任何人的便宜。谷秀玲对自己的工作感到非常自豪，她最喜欢看到顾客们感到满意。

与其他村庄一样，该村也摆脱不了人口流失的命运。随着年轻一代离开村庄到城市寻找机会，人口开始下降。起初，年轻人的流失并没有引起注意。但随着岁月的流逝，它变得越来越不容忽视。随着人口流失，村里的企业数量也在减少。曾经作为活动中心的本地市场现在几乎没有生机。而曾经是村里骄傲的小学校，在生源越来越少的情况下艰难度日。留在村里的村民决心想办法扭转局势，他们启动了一项向下一代传授传统农业技能的计划，希望能激励新一代农民。活动很成功，很快村里就有了一批学农的年轻人。他们与老一辈一起在田间劳作，学习耕种方法并对土地产生了深深的感激之情。

随着对农业的了解越来越多，年轻人也开始对自己的村庄产生自豪感。他们目睹了这个村庄面临的挑战，决心尽自己的一份力量帮助它保持活力。老少齐心协力振兴乡村，为村庄带来新的活力。近年来，在各方面的大力扶持下，村子不断加强基础设施建设。为使千亩李子园田间路顺畅通行，修建了混凝土水泥板路；为预防泥石流，修建护坡、防洪渠；改造自来水管线、村民浇地水管线；修建"连村路"。为加快公益事业的发展，丰富村民的业余生活，建设了篮球场、乒乓球场地，配置了多种健身器材；为村民安装了有线电视；区科委送来图书，成立科普活动站；组建"姐妹秧歌队"。丰富多彩的文娱活动，为村民的生活增添了新的色彩，提高了村民的整体素质，为和谐稳定的村情打下了良好的基础。人口增长了，村庄再次成为繁华的活动中心。村民为自己取得的成就感到自豪。他们已经证明，即使在逆境中，只要人们团结一致并下定决心，村庄也可以生存和繁荣。

尽管工作繁重，但谷秀玲始终没有放弃对农业的热爱。她从简单的事物中获得极大的快乐——指间的泥土触感，风吹过树叶的沙沙声，以及夕阳西下的景色。她最喜欢的莫过于在田野里度过一个阳光明媚的日子，周围环绕着她辛勤耕种的土地，远处是连绵起伏的群山，正是这些小小的快乐让谷秀玲坚持了下来，她知道自己找到了真正的人生使命。

种子故事 | 老农业站长的童年：饿出来的美味

　　郑启明的童年可以说是在饥饿中度过的，那时新中国刚刚成立，农村经济刚刚有了初步的发展。1958 年，全国范围内开展"大跃进"运动，各村集体吃食堂，有什么好吃的就吃什么，按需分配尽管吃，结果是第一年吃好，第二年吃饱，第三年什么都吃完了，紧接着就是"三年困难时期"。

　　1960 年，郑启明出生了，刚出生就赶上了物资匮乏的时代，许多地方草和树皮都被吃光了。

石花菜

郑启明说，从四岁记事儿起，好像就没有吃饱过。当时，生产队产出来的粮食绝大多数都交了公粮，轮到社员分配就所剩无几了。即便是刚过秋收，也得省吃俭用，每天只喝点儿稀溜溜的粥闹个水饱，其中还得加些杏树叶之类的野菜。人说阳春三月好风光，到了阳春三月，所分粮食均已吃光。此时正值农忙时节，没了粮食多心焦，因此，除了四处借粮就是四处挖野菜。初春，最先长出来的就是石花菜，石花菜颜色有紫红、深红或绛紫，在受光多的地区生长的往往呈淡黄色。新鲜的石花菜为直立丛生，想吃石花菜还要冒些风险，因为山里还有一种叫作火丫的植物，秧苗和石花菜十分相似，毒性很大，能够毒死牛、马、驴、骡等大牲畜，人要是误食就会一命呜呼了。

由石花菜开始，各种野菜陆续出现，诸如老菇嘴儿、马肉秧、苦麻子、蒲公英、曲曲菜、刺儿菜、灰灰菜、银尖菜等，只要能吃的就是好东西，见什么挖什么。之后，就是树叶菜上场了，诸如榆钱儿、榆树叶、小叶杨树叶、杨子梢叶、杨树穗、核桃树穗、明子叶合子等。秋霜之后，开始大量收集杏树叶，存储起来一直吃到第二年春天接上新野菜。

明子叶合子

当时，山里一群群的孩子像是一群群捕食的小鸟儿。童年生活虽苦，但每天像捕食的鸟儿一样，倒也很有趣味，也算充实了童年对各种美食的记忆。例如明子叶合子，叶片是可以吃的，在饥荒年代常食用此种植物。其实这种植物学名应为南蛇藤，是一个分布很广泛的物种，但在形态上，尤其是叶片的形状，差异很大。明子叶合子植株姿态优美，十分漂亮，肉质饱满且有一种特别的味道。那时没有白面，吃不上包子，但是能吃上明子叶合子馅窝窝头儿也是美美的。现在这种菜已经很少见了，又如石花菜，吃起来总有一种特殊的香味儿，如今还要时不时采来吃吃，感觉还是童年的味道。

还有一种美味那就是薤菜，山里本来就稀少，它一般生长在悬崖顶上，偶尔见到如见珍宝，见必取之。七岁那年，在一个叫雪地沟的悬崖上发现了几株，真像发现了宝贝一样，不顾一切地爬了上去。在绝壁上爬过去的时候抱着一块大石头，采到薤菜回来又抱大石头时意外发生了，石头松动了，好在及时松开石头抓住了崖壁上的草，石头从肩膀上掉了下去，险些没命。自己没怕，倒是害得崖壁下的妈妈哭了一场。现在想来的确惊险，也是小时候孩子心性，天不怕地不怕的，不过也正是这样的经历，让郑启明对这些童年旧事依旧记忆如新。

薤菜

　　在郑启明多年的工作经历中，从事农业工作的那段经历最有意义。转眼六十多年了，退休了，终于回归了田园生活，所以经常要去山沟沟里转转，寻找那些童年味儿的美食，找到后将能移栽的移栽到园内，美美地看着它们发芽、开花、结果，美美地按时令吃上那些美味，追忆童年饥饿状态下的佳肴。

　　这些野菜，本就是野生的植物，儿时得了也是偶然。年长之后，也由于工作需要，越发地爱这些童年的植物，如能寻得就一定会亲自种上一种，看着它们从小长到大，逐渐和记忆中的模样重合在一起，真是别有一番滋味。如今，我们能看到的野菜越来越少了，童年的味道却越来越浓郁。现在吃的不再是一种简简单单的食物，而是一种追忆往昔的味道。

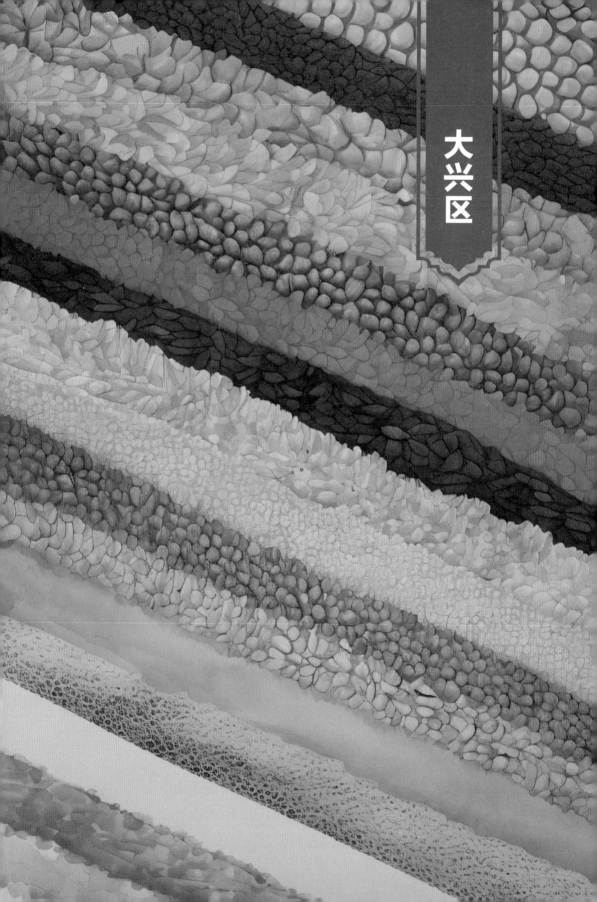

大兴区

种子故事 | 相互陪伴的梨树

  刘学仁当年和祖辈一起种下的小梨树苗已经长成茁壮的大梨树了，树犹如此，人亦然。北京市大兴区的刘学仁已经 60 多岁了。1989 年他从村集体接管了这片梨树林，至今和梨树已相伴了数十载，一起经历了许多风风雨雨。与刘学仁交流，听他如数家珍般的故事，仿佛也被拉进了那段令他骄傲的历史中，从中得以窥见这几十年我们国家在经济、科技等方面的历史变迁。

  1966 年，刘学仁所在的村子以村集体的名义承包了土地，开始与山东省、河北省合作，引进梨树。他现在种的老梨树追溯起来都是河北省和山东省的品种，这些梨树也有将近 60 年了，快和刘学仁一般老了。据刘学仁讲，当时很多村都引进了这些梨树品种，但是随着时间的推移，现在只剩他的村保留着当年的老梨树品种了。岁月流转，四季轮回，许多事、许多人都在随着时间改变，唯有梨树年年青绿，以累累硕果来报答土地和刘学仁一家的辛苦劳作。

  刘学仁家承包了 10 亩地都用来种梨树了，9 月上旬到 10 月正是梨子采摘收获的季节，之后规整园子，过冬后修剪，等到来年开春开花后再修花、修果、除草，循环往复。过去乡镇科技站会推广产量高、易种植的果树，教授农户种植要点。刘学仁也曾当过全科农技员，学习到不少关于果树种植的知识，这为他经营管理梨园打下了一定基础。种植果树不是一件易事，若管理不好，梨树就会因为天气、虫害等原因死掉。刘学仁讲道："现在环境没有过去好了，虫害变多了，一方面是因为虫子对一些平常的

药产生了抗药性，另一方面是因为现在使用的都是低毒农药。"为了梨树的健康成长，刘学仁开始给梨套袋，套袋后的梨子外表比较光滑细嫩，斑点小，很少有裂果的现象，这不仅有效提升了果实外观品质，还减少了病虫害的发生。

梨

在销售方面，过去刘学仁家的梨子只能拉到市场、集会等线下售卖，销售途径单一。但随着互联网的普及与发展，现在有了更多更广的销售渠道。众多像刘学仁一样的农户会在网上发布自家作物生长情况、售卖价格等详细信息，有意向购买的消费者可以来园子里采摘，距离较远的可以线上下单。刘学仁通过快递的方式将酥甜的梨子邮寄到消费者手中，这当然也得益于我国物流行业的迅猛发展。在消费升级的今天，人们不只满足于好吃，还要好玩，于是像观光采摘这种农旅结合的方式如雨后春笋般涌现。刘学仁家的梨园每年也会接待许多游客。观赏梨花、采摘梨子，满足了这些城镇居民回归自然、融入自然的愿望。这种线上线下相结合的销售方式让当代众多农户都享受到了互联网的红利，对买卖双方来说都是一件乐事。

梨树

近些年来，随着我国农业技术的发展，许多新品种梨被培育出来，但刘学仁说自己还是更愿意种以前留下来的老品种梨，老品种梨的味道和现在的梨比起来，有些还是很不错的。就像茄梨口感非常好，会有隐隐约约的香蕉味，非常稀奇；还有苹果梨，大约在 20 世纪 60 年代从日本引进，味道非常独特，带有清新的苹果味，刚熟时是脆口后会变面口，单果有 1 斤重呢。梨在平时食用时，可以不去掉果皮，直接吃最好，梨的果皮中也含有多种维生素，可以做糖水喝，能起到良好的止咳和润燥作用。

与刘学仁聊天，我能感受到他对梨树的热爱和对生活的积极乐观态度。但问到他有没有遇到什么困难时，他沉默了一会儿说："困难当然也有啊，现在修剪树枝、除草、打药、套袋等还都是人工作业，农药的价格、人工的成本也在逐年攀升。况且之前的疫情也对销量造成了一定影

响，集市动不动就关停，游客们要采摘也只能在疫情平稳时来，疫情严重时是进不了村的。"是啊，与宏大的时代相比，渺小的个人是微不足道的，时代中的一粒灰，落到任何个人的头上就像是一座山。在聊天的后半段，刘学仁讲到现在农村留下来的都是五六十岁的老人，地都快没人种了，年轻人现在都出去打工了，嫌种地累，收入少，可是人总是要吃饭的呀，以后谁来种地呢？他表达了对农业发展深深的担忧。以后谁来种地呢？与刘学仁聊完后这句话一直在脑海萦绕。现代人，很多人四肢健全但五谷不识，很少有人愿意再扛起锄头了。大家都怀念乡村田园牧歌似的生活，但有机会还是会搬进城市中的高楼……

由一株梨树，刘学仁聊了很多，从小到大，他和梨树相互陪伴，梨树对他来说更像是一起长大的朋友和伙伴，是他过往记忆和念想的留存。最后，希望大家都能有机会吃到刘学仁家种的甜梨，希望国家出台更多的惠农政策，来保障农民的权益，希望大家重视农业，尊重农民，看到农村的价值，实现乡村振兴战略！

种子故事 | 玉米情

　　玉米作为重要的食物和饲料在我们日常生活中发挥了重要的作用。家住北京市大兴区的王希海家中就种有玉米，但这可不是普通的玉米，这两种玉米如今已很少见到了，这就是"小八趟"玉米和"灯笼红"玉米。

　　白颜色的叫"八趟白"玉米，又名"小八趟"，得名是由于该玉米纵向排列得整整齐齐就八趟；另一个品种叫作"灯笼红"，这些都是王希海自己留的种子。据了解，"小八趟"和"灯笼红"玉米都曾在北方地区大面积种植，不过因为它们产量低，效益低，已经慢慢被农户淘汰了，现在种的人很少。王希海说："现在几乎只有老一辈才知道这些玉米品种，年轻人很少知道了。"王希海夫妇至今还种着这些老品种玉米也是为了保留老种子，保护土壤耕地。

"八趟白（小八趟）"玉米

种子故事
The Story of Seeds

　　"小八趟"是20世纪六七十年代京郊种植多年的优良玉米常规种。它具有品质好、适应性强、适于套种等特点。在当时京郊推行三种三收耕作制度和利用杂种优势的情况下,它作为一个比较好的搭配品种和备荒种,在玉米生产上起到了一定的作用。当时,这个品种很受欢迎,非常流行种植。王希海夫妻俩就跟着大家一起种,"小八趟"口感好、营养价值全面,产量水平一般,套种每亩400～600斤,但是后来"小八趟"玉米混杂退化现象越来越严重,致使许多优良性状逐渐消失。退化了的"小八趟"表现出很多不良性状,如成熟有早有晚,植株高矮不齐,棒子由大变小,产量由高变低。随着农业的发展,出现了新型的杂交玉米。杂交玉米产量高,"小八趟"与杂交玉米相比口感较好,但是产量很低,慢慢地大家就将其淘汰了。在收集资料时,还找到了北京市房山区一大队整理的麦套"小八趟"玉米42字口诀:迎时套种拿全苗,开苗卸枷保密度;删茬灭草防荒地,追肥覆土保苗壮;加肥加水夺产量,促熟腾地利种麦。这是劳动人民经验与智慧的结晶。

"灯笼红"玉米

　　与"小八趟"命运相似的还有"灯笼红"玉米。在农村生活过的"70后",不知是否还记得,原先农村有一种小粒玉米,成熟后通体多为红色,正是由于其全身通红的特征,这种玉米在很多地方被称为"灯笼红"。王希海讲道:"说实话,这种玉米的产量不高,最多的亩产只有三四百斤,如果跟现在的亩产超千斤的玉米相比，简直太低了。"正是由于"灯笼红"产量低，农民一般不把它作为商品粮种植，而是种点儿留着自家吃。王希海夫妻俩就非常推荐"灯笼红"玉米，这是一种口感香甜、营养价值极高的玉米品种。现在的玉米，熬粥、做玉米饼都不如以前的玉米好吃。王希海夫妻俩告诉我们，之前听老人说"灯笼红"玉米在新中国成立之前就有人种植，种了好几十年了。它的维生素含量非常高，是稻米、小麦的 5 至 10 倍。营养价值高于普通玉米，其所含的植物膳食纤维能刺激胃肠蠕动，有防治便秘、肠炎、肠癌等功效。由"灯笼红"玉米加工而成的玉米面深受百姓喜爱，"灯笼红"玉米非常适合在冬天的时候熬粥喝。

很多老品种玉米在北京地区已经找不到了。后来，王希海夫妻俩从其他地方的山里居民手里收集到了很多老种子，每年都种一点，在不串种的同时一直留存着这些老种子。王希海夫妻俩并没有专业的农业知识，就凭着自己的兴趣、一腔热血和对老种子的偏爱，每年都从各处收集老种子种植留存，还会对老种子进行杂交试验，选优培育。王希海夫妇就在这样的种种尝试中慢慢摸索，在保留老种子优点的同时，改善老种子的缺点，他们的努力也有了成效。王希海夫妻俩将老种子与其他品种的玉米进行杂交，长出来的玉米棒子可达到 30 多厘米长，比现在一般的玉米长得都要好，这对王希海夫妻俩来说真的是一个很好的消息，之前付出的汗水得到了回报，这一切都是值得的。

王希海夫妻俩说现在种地的人已经不多了，尤其是年轻人非常少，留在村里的都是老人和小孩。种子没人种就断了，几十年的老种子还是得留存下去。王希海夫妻俩告诉我们，他们俩会一直坚持种下去，一直到身体干不动为止。

房山区

种子故事 | 家常美味的多重身份

　　老一辈人爱吃的紫豆角、"秋不老"豆角与"白马牙"玉米，在市场上其实非常少见。经过大量的走访与调研，我们在北京市房山区的董祥华家中发现踪迹。在与董祥华的交谈中，我们了解了更多关于这三种作物的故事。

　　董祥华告诉我们，每年种子播种的方式以及季节都要提前近一年做好规划，因每村的地理环境不同，种植条件不同，他们都要因地制宜去协调种植的时间以及面积。每年种植的农作物品种都是延续下来的，从他爷爷传承到他这一辈，已经养成了什么时节种植什么作物的习惯。说起为什么保留紫豆角与"秋不老"豆角的种子时，董祥华说："那都是老一辈留下来的宝贝，都是曾经救命的东西，不敢不留的。"

紫豆角

抗日战争期间，村民们为了躲避战争，被迫迁到山里，在形成村子后，村民们才根据种植环境进行作物播种。农作物成熟后，有了紫豆角与"秋不老"豆角，村民的肚子基本能填饱。

"秋不老"豆角

董祥华还讲述了"白马牙"玉米的种植情况，"白马牙"玉米就是我们俗称的"老玉米"，原本是东北的玉米品种。之所以称它为"白马牙"，是因为它的玉米粒像骏马的牙齿，洁白又圆润饱满。在庄稼地里，"白马牙"的高度绝对碾压所有庄稼，玉米秆子又高又壮，遇到大风天也不怕，能够屹立不倒，董祥华告诉我们这都是"护茬根"的功劳。根系深深地扎进土壤里，大口大口地吸收着土壤中的养分，长成高高壮壮的躯干，孕育着白嫩饱满的果实，一口咬下去，鲜嫩爽口，汁水充盈。

自家种植的老品种玉米相较于现在的杂交玉米而言，生长周期长了将近一个月，口感更好，玉米味道更浓，玉米粒非常饱满。平常做家常饭，如蒸窝头、熬玉米碴粥，自家种植的老玉米就更加适合，口感更好。每每在外务工的孩子们回到家中，家里的老玉米都是饭桌上不可缺席的。虽说不是山珍海味，但一口童年的味道，足以缓解离家孩子们对家乡的思念之情。

"白马牙"对于董祥华来说是一种感情的寄托，一种精神的象征。20世纪五六十年代，"白马牙"是玉米的主要种植品种。由于"白马牙"耐旱涝，对环境要求并不是很高，产量高，品质好，所以那时候"白马牙"是农业种植中占主导地位的农作物。随着科技的发展，杂交玉米出现了，"白马牙"玉米逐渐退出了历史的舞台。近些年，人们又开始追寻老口味，于是"白马牙"重出江湖，以优质的营养价值与纯天然的健康身份，让人们再次认识了它。几十年来，"白马牙"玉米的起起伏伏，可以生动形象地体现出我国经济、科技水平的变化。综合国力的提升、人民日益增长的美好生活需求使如今的"白马牙"玉米得以再现于大众的视野中。

"白马牙"玉米

与此同时，紫豆角、"秋不老"豆角以及"白马牙"玉米还有一个特殊的食客，就是家中的牲畜。由于是农户自己种植的作物，经过了细心的呵护，所以作物的质量很好，果实饱满，成色也很好，很少对外售卖。吃了紫豆角、"秋不老"豆角以及"白马牙"玉米的牲畜，品质相比喂饲料牲畜来说有大大的提升，肉质香，价也高。对于村民来说，这些农作物不仅是填饱肚子的口粮，更是满足口腹之欲的美味、饲养牲畜的"利器"。牲畜吃得香，长得肥美，也能卖上个好价钱。

豆角、玉米这样的寻常农作物，除了在饭桌上是家常美味，它们还有另外两层神秘的身份：对于牲畜来说，喂食村民种植的天然作物，能够使牲畜生长健康，肉质鲜美；对于思乡的孩子来说，它们更是一种家乡的味道，在外漂泊的辛酸与泪水都化解在这一口简单的家常美味之中。

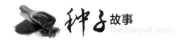

种子故事｜最初的果园梦：从校园回归农村

　　北京市房山区的郭小民讲述了自己与猕猴桃和磨盘柿子的故事。郭小民从小就对动植物非常感兴趣，长大后就读于中国农业大学相关专业，毕业后回到家乡，以村内已有园林区域作为基础，开办了正式果园。

　　秦美猕猴桃单果的平均重量约为 102 克，绿色的果肉细腻多汁，酸甜可口，散发着阵阵芬芳。大部分秦美猕猴桃是以中、长果枝结果为主，花集中生长在果枝的 2～7 节。种植的第一年往往产果并不是很理想，从第二年开始就可以大量地收获了。秦美猕猴桃是一种适应性很强的水果，早期的产量很大，适合大范围种植。郭小民说猕猴桃苗是从南方引进的。

　　只要不是遇到极端天气，猕猴桃一般都能有很好的收成。但遇到下雪早、天气提前变冷或者下了如鸡蛋一样大的冰雹等极端天气，猕猴桃果子还没等到成熟就被冻坏了。令他印象最深的是 2009 年 11 月，天气寒冷，猕猴桃的好多品种因不耐寒被冻死了。但他也发现，有的猕猴桃品种没有受到寒冷的影响。随后，他就尝试将耐寒品种的枝芽剪下来进行嫁接，成功保留了耐寒的猕猴桃品种。这个过程说起来容易，做起来难。简简单单一个结论，是无数个日夜，经过很多的尝试与分析，一步一个脚印，才得出的。

　　磨盘柿子的果实扁圆，皮薄果大，无核多汁。不仅口味极佳，还历史悠久，相传明代洪武年间（公元 1368—1398 年）房山地区就有柿树栽培。明代万历年间（公元 1573—1620 年）编修的《房山县志》记载："柿，为本镜（境）出产之大宗，西北河套沟，西南张坊沟，无村不有，售出北京者，房山最居多数，其大如拳，其甘如蜜。"磨盘柿子被朱棣皇帝封为御用贡品。"磨盘柿"，以果实个头大，形状似"磨盘"而得名。

柿子

磨盘柿子的发芽率较低，5 年生砧木嫁接后第 4 年开始结果，20 年后进入盛果期，一旦长成就树势强健。磨盘柿子产量的大小年很明显，丰产性中等，适应性强，较抗寒。全株仅有雌花，单性结实能力强，不需要配置授粉树。枝条粗壮，叶子很大，果实一般 10 月上中旬成熟。果肉橙黄色，无黑斑，纤维细长。肉质又甜又脆，放软之后会更多汁，更甜。

磨盘柿子在 2007 年之前都很受欢迎，"身价"很高，但不知什么原因，突然不好卖了，即使几分钱一斤也无人购买。为了果园的收益，郭小民决定将部分磨盘柿子换成例如甜柿等比较受欢迎的柿子品种，磨盘柿子树只保留了几棵。

后来，因为磨盘柿子个头大，味道甜，游客们又掀起了对磨盘柿子的购买热潮，磨盘柿子价格又涨上来了。于是，郭小民就决定多加种

植，种得多，卖得好，且能卖上个好价钱。2020年冬天天气寒冷，导致2021年的磨盘柿子没有发芽开花，郭小民也因此发现，磨盘柿子对气候要求更高一些。逐渐地，郭小民不仅学会了通过关注市场情况来决定种植何种作物，也学会了很多有关农作物如何长得好、长得壮的原理与方法。可谓"在干中学，在学中做"，陪伴着心爱的果园与果子，共同茁壮成长。

柿子树

从最初的儿时梦想，到走进校园学习专业知识，再到长大后学成归来，利用所学专业成为老品种保留传承人，郭小民用满腔热血，一步一个脚印，不怕苦不怕累，把所有的热情化成最炙热的关爱，全部投入果园的建设与保护中。老品种的保留对于他来说，既是对童年的追忆，也是一种沉甸甸的责任与担当。

种子故事 | 红色基因滋养的土地

门豆（菜豆）

本篇故事中种子所在的乡镇位于北京市房山区，是一个依山傍水的好地方，随处可见的大山，清新的空气，丰富的土地资源，让这片土地保存了很多少见的老品种。村中的霍占起家就种植了很多老品种，诸如门豆、绿耳豆红边、赤小豆、菜葫芦、老黄瓜、山楂、茄子、"白马牙"玉米、绿豆翘等。种子的保留一方面在于用心，另一方面也讲究专业知识与技

巧，种子需要装在布袋或纸袋里存放在恒温、阴凉、无太阳直射的地方。霍占起特地强调，种子是不能装在塑料袋里的，因为装在塑料袋里的种子会被捂坏，不适宜种植。

赤小豆

　　"东风何时至？已绿湖上山。湖上春既（已）早，田家日不闲。"春天是个播种的季节，去年存储的种子要选土播种。根据不同作物的生长习性，去选择播种的时间和土质，农民们扛着锄头、铁锨、镐子、爬犁像往年一样开始了紧张又有序的耕作。如果种地面积过大，有些人还会租借驴、骡子、马等牲畜犁地。犁地大有讲究，首先霍占起会用爬犁把地上的杂草都刨出来并归拢至一处，用铁锨和镐子把地先翻起后再拍散，用霍占起的话说，那就是让沉睡的土地"活"过来。

　　播种之前，要先进行区域划分，在不同的农作物之间要开渠作为分界线。有些种子只需要一撒就行，有些需要均匀地播撒在松好的土地上，就比如"白马牙"、赤小豆、茄子。这些都是比较娇嫩、需要小心呵护的农作物，一般霍占起每天都会去照看它们，浇浇水。但这里可不是简简单单的浇水，而是需要大量的水源进行充分的灌溉。在播种方面也有讲究，比如种植豆角的时候，需要挑选个头大、饱满、质量好的豆子进行种植，长得好看的种子长成的秧苗结出来的果实也很好看。这么多年，霍占起就是依靠父母的言传身教，再自己一点一点地摸索，终于形成了一套自己的种植方法。霍占起特别提醒我们，时不时就要去检查它们会不会被鸟吃掉，然后定期地进行除草，不然杂草会吸取农作物的养分，这就得不偿失了。

赤小豆豆荚

农作物一般都是在八九月份收获，"白马牙"玉米的收获可是很有学问的，要先把棒子掰下来放进篓子里，装满筐后，就一起放进小推车，运送回家。在掰棒子的过程中，要一边掰，一边踩玉米秆，等到玉米秆全都丧失活力，就可以归拢到一处，这样有利于来年再次播种。

玉米收获之后，鲜甜爽脆的嫩棒子是餐桌上的不二甄选。这种嫩棒子只需要煮熟直接吃就很美味，口感软嫩，汁水充盈，香甜可口，所以一般就采取最朴素的烹饪方式。而吃不完放了一阵子的老棒子就需要一些处理手段了，比如把棒子先晒干，剥下棒子粒，送到磨面厂里磨成玉米碎或是玉米面。玉米碎可以煮棒碴粥，玉米面做窝头和玉米饼。磨面厂在隔壁村子，大部分村民都会选择同一家磨面厂，因为价格便宜，距离又近。

"投身成仁，君子义举；民族之光，我抗日干部也。"这是 1946 年房山上石堡村为牺牲的村党支部成员镌刻的碑文。1938 年，中共房良联合县的第一农村党支部就此成立，村里有一位进步青年党员叫于进探，不到一个月于进探就发展了六位党员。如今，展馆内记录下了革命先辈用汗水与鲜血铸就的伟大历史，而展馆外默默耕耘的农音在悠悠作响，回荡良久。那一段振奋人心的峥嵘岁月谱写了村子的红色传奇，为如今的幸福生活奠定了牢固的基础。曾经的革命先辈们与如今的中共党员们努力奋斗的身姿交织相融，为村民们树立了榜样，也是村民们不畏艰苦、兢兢业业的力量源泉。

霍占起说："这都是老一辈留下来的。"在霍占起心中，总有一种对种子浓浓的敬畏感。这是父母留给他的记忆，也是祖祖辈辈生长在这片土地上的痕迹。霍占起一直把保留种子当作自己的使命，因为这些种子是父母与自己的回忆，是祖祖辈辈的累积。祖辈留下来的无论是种子还是技术，霍占起谈起时都有一种浓浓的感情，这种感情感动着我们，这位老人守着古朴的土地，为我们延续着老一辈的鲜活。

海淀区

种子故事 | "鞭杆红" 胡萝卜的传承与保护

汪曾祺在《五味集》里写中国的萝卜最好,"有春萝卜、夏萝卜、秋萝卜、四季萝卜,一年到头都有"。"鞭杆红"胡萝卜曾在北京绝迹20多年,通过农业技术人员的不断努力,2014年恢复种植"鞭杆红",这一阔别已久的老口味终于重返餐桌。

海淀区农业科学研究所所长、农业技术推广室主任郑禾介绍说,"鞭杆红"胡萝卜是北京地区名优农家品种,经菜农多年选育而成,适合北京地区秋季露地栽培。该品种风味浓郁,味甜、肉质脆硬、品质好,味道独特,是20世纪40年代至80年代最受欢迎的特色蔬菜品种之一。

"鞭杆红"胡萝卜

　　"鞭杆红"胡萝卜属于中早熟品种，从播种至采收一般需要 90～95 天。植株高 50 厘米左右，叶簇较直立，有 12～14 片叶，叶片呈深绿色，叶柄基部和叶脉呈紫红色，叶缘波状、微皱；肉质根长 25～30 厘米，呈长圆锥形，末端尖，顶上端直径 3.5～4.0 厘米；单根质量 85～120 克，表皮紫红色，根肉韧皮部橙红色，木质部橙黄色，外皮光滑；果肉纤维少，口感脆嫩、甘甜，风味浓郁，品质明显优于普通品种；其胡萝卜素含量比普通品种高 26.9%，花青素含量也明显高 6 倍以上，而且具有一定耐旱性，但不耐涝；抗病性强，在中等肥力条件下，一般亩产量为 2000～3000 千克。

　　"鞭杆红"胡萝卜在 7 月中旬播种，11 月上旬收获，其生长期 120 天左右，耐热性和耐寒性突出，适宜我国北方地区秋季露地栽培；耐贮藏性好，可储存五个月左右。

　　走进"鞭杆红"胡萝卜种植基地，一畦畦菜地里挤满了绿绿的萝卜缨子，带着露水在太阳底下摇摇晃晃。近了看，是深绿色的叶片，紫红色的叶柄。挖出来后，可以看出这种胡萝卜与平常所见的品种不同，其身材略显"苗条"，虽然还带着土，但依然能看出"鞭杆红"胡萝卜都披着件紫红色的外衣。拿水洗过之后，这颜色更艳了。吃起来味道也很好，肉质紧实，又甜又脆，是有益于身体健康的保健型蔬菜。该品种在现代栽培技术及配套措施的保障下，经济效益是普通胡萝卜的 5～8 倍。

　　"鞭杆红"胡萝卜对种植环境条件的要求较高。在温度方面："鞭杆红"胡萝卜属半耐寒性蔬菜，喜冷凉气候，营养生长期和生殖生长期对温度的要求不同。种子发芽的适宜温度为 20～25 摄氏度。在光照方面："鞭杆红"胡萝卜喜光，属于长日照作物，营养生长期需要中等强度以上的光照条件，如果光照弱容易引起植株徒长，甚至影响肉质根的膨大。在水分方面："鞭杆红"胡萝卜根系发达，耐旱性较强，但整个生长期需要水分均衡供应，有利于肉质根生长和膨大。如果土壤水分过多，会使茎叶徒长；如果浇水不足，会影响肉质根的膨大；如果浇水不均匀，会使根茎粗细不匀。在土壤方面：适宜在土层深厚、疏松肥沃、排水良好的沙壤土地种植，若在土质黏重、易积水、土层杂质较多的地块种植会引发畸形根、裂根和烂根等现象。

　　"鞭杆红"胡萝卜品质与口感绝佳，但这种胡萝卜生长时爱往土里钻，能扎到地下 30 厘米深。贸然拔萝卜只怕是萝卜缨子断了都不见萝卜的，因此收获时需人工挖，成本高，产量也比普通胡萝卜低。在追求蔬菜产量时期，菜农不爱种，再加上其对低温、干旱的抗性差，容易生病，后逐步被杂交胡萝卜取代，就渐渐在北京市场绝迹了，消失在人们的视野中。

"鞭杆红"胡萝卜种子

　　为恢复传统老品种，找回老口味，郑禾组织海淀区农业科学研究所技术人员自 2011 年起开展北京老口味品种恢复与保护工作，进行调研、拜访辖区内蔬菜种植"老把式"、老菜农，不断寻找北京"鞭杆红"胡萝卜品种，最终在国家蔬菜种质资源中期库成功引种。通过为期四年的提纯、复壮，终于选育成功，于 2014 年 11 月 14 日通过北京市非审定农作物品种鉴定，为老北京人找回了失去的记忆。目前，"鞭杆红"胡萝卜在北京顺义、昌平、通州等区均有种植。

种子故事 | 几十年坚守的老品种

　　这篇种子故事发生在北京市海淀区的一个村子，是一个西面靠山"椅子坐"地形。在我们收集老品种的过程中，印象最深的就是这个村里的张淑会，提供了包括杏、核桃、樱桃、栗子、枣等果树在内的 26 个老品种。其中，品种最多的就是杏。张淑会向我们讲述了她与老品种之间的故事，其中让人印象最深刻的是玉巴达杏树。"玉巴达"在蒙语中是"好吃"的意思。

　　根据《北京市海淀区志》记载，海淀地区栽培杏已有 500 多年历史。产于北安河的优良品种玉巴达，明代曾为贡品。慈禧太后对玉巴达杏也是青睐有加。

　　玉巴达杏树属早熟品种。一般在 3 月 15 日前后开始有花芽，4 月上旬处于开花期，花期 5～7 天。杏花落完，树叶开始发芽。等到 6 月上旬，杏树的果实就到了成熟期。在 11 月上旬落叶。杏树种植过程中，需注意做好施肥工作。在杏树落叶前需施一次肥，以保证杏树安全过冬；开春后，在杏树开花前后需施一次肥，为杏树结果增加肥力；此外，在杏树结果过程中的幼果期和着色期都要施肥。杏树在每年的维护过程中还要注意修剪，其修剪的最佳时间是冬季，杏树正在休眠阶段。这时候修剪，杏树受到的伤害最小且最容易恢复，可以进行大量的枝叶修剪、更新，对杏树的影响较小。

　　6 月下旬是采摘玉巴达杏最好的时节，杏园地里一派丰收美景。杏子累累地压在枝丫头，每颗杏子都是珠圆玉润，红彤透亮。杏子的香气沁人心脾，让人看着就忍不住分泌口水想摘下一颗一饱口福。

百年玉巴达杏树

张淑会告诉我们，现在很少有地方还有过去的老品种杏树。因为当时大家生活都比较困难，更愿意种植比较金贵的粮食作物。但是山地很难种出高产值的粮食作物，只能种植果树。刚开始的时候果树类型少，大家普遍种植杏树、苹果树、核桃树。随着社会的发展，大家引进新的高产值品种，原来的老品种种起来比较麻烦、产值低，就都被砍掉了。但是，当时张淑会觉得老品种也很有价值，不能说不要就不要了，不然以后再想吃就找不到了。张淑会家的树就这样一直保留了下来。

张淑会刚开始种杏树时，正值国家大集体时代，她是当地的村书记。原先她也不是很懂种树，就一直跟着当地的老前辈学习，从土壤、种苗、除虫到嫁接，一步步慢慢掌握了种植果树的技术。

到了土地承包时期，村里只有五六十棵杏树。1987 年，村里的一些土地贫瘠，需要大家抓阄选地。当时，张淑会抓阄承包了一块山坡地。山坡地是一片荒地，必须得自己开垦。一块山坡地，张淑会夫妻俩开垦了三年。张淑会形容当时垦荒就像开垦北大荒一样，非常难。山坡上很难运水，张淑会夫妻俩只能一阶一阶地挑水来浇树，果园的初建是最艰难的。为了节省水，张淑会夫妻俩会在冬季下大雪的时候，带着铁锹上山，去敲落在果树枝上的雪，堆积在树坑里，攒着来年开春给果树浇水。

挂在树枝上的玉巴达杏

张淑会向我们讲述，玉巴达杏曾为贡品，具有果皮薄、个头圆润、口感好等特点，营养价值也很高，维生素含量丰富，成熟后晶莹剔透，果肉细腻、柔软多汁、沙瓤，口味香甜，不会出现酸涩味道。她还向我们介绍了杏子日常的吃法和妙用，除了直接生吃，很多人还会用杏子腌渍，做杏子果酱，用杏子泡酒。杏子具有镇咳平喘、预防血栓、补充维生素、润肠通便等功效，日常生活中适当地吃杏子，对身体有很多好处。

现在，樱桃越来越受大家的喜爱。村民们大部分投入了樱桃果树的种植，张淑会夫妻俩也在自己家移栽了樱桃树，但是依旧继续种植传续着老品种杏树，杏树已经成为张淑会家的一份子。

"海淀玉巴达杏"渐渐地树立起品牌形象。2014 年，海淀区农业局组织申报的"海淀玉巴达杏"通过了农业部的评审，获地理标志登记，实施农产品地理标志登记保护。

怀柔区

种子故事 | 我与大青萝卜

　　北京市怀柔区郭宝来讲述了自己与大青萝卜的故事。1963 年出生的郭宝来起初在怀柔区黄金公司工作，2005 年担任村主任，在任职期间一直恪尽职守，受到村民的一致好评。2009 年成为北京市第一批农技员，主要职责是完成上级交代的任务，防治病虫害以及推广种子优良品种等。

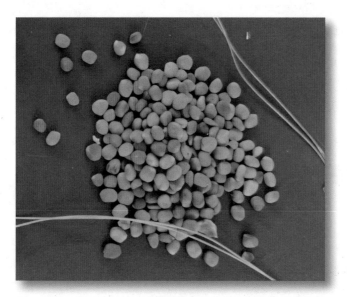

大青萝卜种子

　　说到自己村的大萝卜，郭宝来对种植的流程徐徐道来：春天 4 月份，先浇水保墒，保完墒以后把地整好，在整地的时候用农家肥或者有机肥，再晾晒 8 ～ 10 天，然后到五一之前就有几种方法，有的是打垄起垄，有

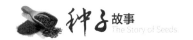
的是平畦。我一般都是起垄，之后把萝卜籽按大概三四十厘米的株距放进去。由于有时候萝卜会被地下害虫嗑根嗑死，所以好多都喜欢留双株。萝卜基本不用打药，地上的害虫很少。为了除地下害虫，整地时弄点小灰撒里边，要是用除虫剂就是在翻地的时候把它撒里边，但是我们尽可能地不用化学的东西。一般 7 天萝卜苗就出地皮了，前期水不要太大，让苗保持阳光充足，被阳光晒过的苗就会长得壮实，到中期的时候，小苗出 2～3 厘米的时候就定苗了，定苗挑壮的留下，这时候水还是不要太大。等到后期八九月份的时候水稍微充足一点。其实在农村来讲，这就是特别简单的一种种植，而且这种萝卜跟现在的水果萝卜、脆皮萝卜还都不一样，它尤其耐储藏。

鲜嫩多汁的萝卜

郭宝来还介绍道，现在村里像他们这个年龄段的村民，种萝卜基本都用这个种子，很少买市场上那些。主要是郭宝来的一个亲戚每年都留一些完整的萝卜，储存好，次年春天把它栽到地里，等到萝卜发芽、长大以后，慢慢地就开花长种子了。等到五六月份，种子就成熟了，大概就是 5 块钱一两，特别便宜，所以村里的村民大部分都能接受。村民现在的需求是储存，想腌大咸菜基本都用这个种子，这个品种的萝卜没有大面积种植，因为现在农家都是菜园，面积很小，种一些白菜，然后在畦埂处种点萝卜，数量不多，就是供自己家吃，或者给儿女朋友送送，还没有在市场上流通，主要原因一是菜地少没有量产，二是现在没什么宣传。假如以后有市场需求，村里又有老品种种子，懂种植技术，发展起来肯定不成问题。

种子故事｜一亩八分地

　　怀柔区位于北京市北部，距市区约 40 千米。怀柔境内风光秀丽，气候宜人，素有"京郊明珠"的美誉。旅游业一直是怀柔区的支柱产业，知名的旅游景点有红螺寺、雁栖湖、喇叭沟门原始森林等。在这个区里坐落着本篇故事所介绍的种子所在的村子。该村物华天宝，气候宜人，英才辈出，珍珠挂黏高粱的故事就发生在这里。

珍珠挂黏高粱

　　一提起高粱，人们也许会联想到莫言的小说《红高粱》，书中描绘了一个充满生命和力量的带有理想色彩的民间世界，集中体现了莫言小说所具有的浪漫精神和瑰丽色彩、生命意志和生命激情。站在高粱地中，仿佛能够听到高粱的每一段枝节都在嗡嗡作响，似乎一瞬间这些红色的生命就能够冲向云霄。而那饱满硕大的红穗头更是如同要撑破自身的束缚，坠落到那黄土地上。这一切的一切都是红高粱地所独有的风情。这篇故事的主人公祁东芹讲述了关于高粱陪伴自己成长的温暖故事。

高粱为高秆作物，抗盐碱，抗旱涝，易管理。青青的高粱叶子上落满水珠，在阳光下闪闪发光。三伏天里，高粱已高过人的头顶，编织成田野里无边无际的青纱帐。炎炎烈日下，当许多植物无精打采、蔫头耷脑时，高粱却挺起细长的腰杆，摇曳着绿色的穗头，青翠的叶子在风中相互摩挲，发出沙沙的声响，这是一曲大自然奏响的乐章，是任何音乐家的乐曲所不能比拟的。高粱的叶子又细又长，柔韧性很好。过去没有雨衣之类的东西，村民就用它来编织蓑衣，下雨时穿在身上，既防水又保暖，而且浑身上下飘散着一股草木的清香。

成熟的高粱

说起高粱，它种植的年代久远。不仅耐旱，适合盐碱、山地和高温地带，而且年景好时还高产。高粱是生活中不可缺少的农作物，可以说高粱和农民有着千丝万缕的情感。高粱品种繁多，有一种矮秧的小白杂交甜高粱，穗小但秆可以吃，剥去外衣，里面白色的瓤很甜，如果手被划伤，把高粱秆上白色的灰放在伤口处，可以很快止血。

本文的珍珠挂黏高粱种植规模小，产量低，以小家庭自用为主，满足自家偶尔尝鲜和家用工具编织需求，不对外销售。品种的种植人之一祁东芹，受父辈们的影响，一直对土地保持着极深的感情。祁东芹是家中种地的主力，而丈夫则外出上班。据祁东芹介绍，珍珠挂黏高粱种子是从老一辈手上流传下来的，从她记事起，所在的村子便一直种植这个品种。珍珠挂黏高粱品种区别于用作酿酒、饲料高产的长果穗高粱，它的外形呈伞状，籽粒饱满似珍珠。它的优点就是口感好，食用方法多样。珍珠挂黏高粱种子一般收获后将整穗平整放于房檐下晾干，待风干后，再进行苫盖，预防被鸟虫啄食，可以存放好几年。一般选在谷雨时节进行种植，待苗长到 10 ～ 15 厘米进行定苗，保持株距 30 ～ 35 厘米、行距 40 ～ 45 厘米，抗病虫害，保证抽穗期勤浇水，避免干旱，为防秆高势弱可进行支架加固。但由于高粱苗较密，一般任由苗自由生长，不特别进行加固。

在农村长大的朋友可能都看到过高粱，尤其是"80 后"，对农村的高粱地是非常熟悉的。由于植株没有玉米那么高，所以农村种植的高粱通常都比较密。小时候玩的东西比较少，捉迷藏是比较常见的一种游戏，而高粱地通常就是孩子们最喜欢躲藏的一个地方。因为植株高大，躲藏进去就难以被找到，当然，若是被家长发现也是少不了一顿胖揍的。对于很多"70 后""80 后"来说，这些都已经变成了美好的回忆。如今，在农村很多地方都看不到高粱了，祁东芹认为主要原因还是农村生活已经今非昔比了。

高粱不再是农村生活中的主粮，从全国范围来说，北方地区的面食原料是小麦，南方地区的大米原料是水稻，而西南地区以及缺水地区的主粮就是玉米，可见高粱不管在我国的哪个地方，其实都不是主粮。很多地方的农村以种地为生的人越来越少，主要原因在于种植下来不合算。尤其是山区，由于土地贫瘠、分散、量少，很多家庭依靠种地根本就难以维持生活，只好放弃土地到其他地方打工，种植高粱的人自然也少了。

高粱穗

高粱全身都是宝，籽粒可食用、可酿酒，去掉籽粒后的高粱穗，还可被做成炊帚。炊帚又分两种，一种是捆扎成小把的，可以在案板上用；另一种是用细绳子串起来的，可以刷碗盘。碾压过的高粱穗，冬闲时候被做成一把又一把漂亮的笤帚，村里的很多集市上都有卖的。高粱秆挺拔、光洁，村民常常用细绳子把它编成俗称"箔"的东西，可以做屋里的顶棚，也可以盖房子用，还可以当成屏风来用，既好看又整齐。

二三十年前，村里特别贫穷，高粱遍布在村民的日常生活中，当时家家户户都曾将高粱秆编织成门。如今自种高粱主要用于制作元宵及腊八粥，同时高粱米中含有碳水化合物、矿物质、蛋白质、膳食纤维，适量食用可以使身体相对稳定地摄入营养物质，对保持健康、增强体质起到积极

的作用。而祁东芹这一辈的人已经习惯将高粱粗粮作为自己的饮食了，反而吃不惯现在的白面之类的精细食物。

珍珠挂黏高粱在二三十年前家家户户都有地时，每家的产量还算多。而如今，祁东芹所在村大多数农地都退耕还林了，只在自家剩余的一亩八分地种点。只有像祁东芹这样"怀旧"的人仍然保存着珍珠挂黏高粱，村里其他人都不种了。随着农村的老人逐渐减少，这个种子的故事似乎也在接近尾声，渐渐成为过去，活在了人们的记忆中。而工艺精细、制作耗时的"高粱盖垫""高粱顶棚"的手艺也渐渐失传。但好在如今祁东芹家里仍然保存着这些"老物件"，这些物品承载着她自己儿时美好的记忆，让她无法忘却。

祁东芹还回忆道：小时候吃的玉米都是使用的农家肥，玉米颗粒一般在柴锅里一煮就能变得十分软糯。而现在的玉米需要高压锅来熬，口感相对不好。其实在新农村建设之前，家家户户都会养猪养鸡，能够产出大量的农家肥，供自家的地使用。

但在新农村建设之后，经过整治，村里的牲畜已经没有了，所以农家肥也不好找了。如今，村里只有一户家庭在符合要求的情况下小规模地养了十几头驴，只有少量的农家肥。但是祁东芹家为了保障珍珠挂黏高粱及其他少量蔬菜生长得好，吃起来口感好，始终保持着老传统，特别艰难地从邻近河北省的某个县的养殖场获取农家肥。也正因为这些困难，村内的其他村民更愿意买现成的，不愿意耗时费力地种植高粱了。

珍珠挂黏高粱也成了祁东芹不忘祖辈耕种文化的象征，而园子里还坚持种着的那一小片珍珠挂黏高粱仿佛是对美好回忆的保留。记忆中的那片高粱地，不仅给祁东芹的童年留下了永恒的回忆，还美化了大自然，丰富了童年的趣事。社会的发展，生活水平的提高，使高粱逐渐淡出了人们的视线，但我相信，它在粮食历史的舞台上会永远熠熠发光。

种子故事 | 代代相传的菜豆

　　本篇故事介绍的种子所在地位于北京市怀柔区，距汤河口镇镇政府所在地约 5 千米，全村总面积约 8.1 平方千米。这个"不大不小"的村庄，坐落于怀柔北部的深山区，近年来在泥石流搬迁政策和党建帮扶工作的引领下，村民生活条件逐渐好了起来。

　　"我们这里原来穷，村小院子小，耕地面积更小。"该村村民张宗国说道，"我们村之前人均耕地面积不到 0.6 亩，想干点什么都费劲。"张宗国已经年近耳顺之年。2018 年，政府下令改造房屋，让大家都住上了新房子。同时，加上北京银行按照市国资委"一企一村"结对帮扶政策安排，开展对该村的结对帮扶工作，让整个村子的村民也都富了起来。

　　张宗国与菜豆种子间的故事要从他小时候说起。自从张宗国记事起村里很多人都在种菜豆，菜豆又称芸豆，在张宗国所在的村子每家每户都会种菜豆当作主要的粮食。当问到为什么村里要种菜豆而不是其他作物时，张宗国说这是村里一直都在种的东西，吃着好吃，吃着放心。该村原来由于区位因素的影响没办法形成大规模的、高效的农作物种植模式，只能自家顾自家的收成来过日子。

　　张宗国说，怀柔区位于北京北部，无论是空气环境、大气温度、水质资源还是土地质量都很好，种东西长得好、长势旺，种出的菜豆色泽嫩绿、肉荚肥厚、味道鲜美。他们家每年都会种菜豆，只不过最近几年种的没有原来多了，近两年种的菜豆就是将将够自家吃的。原来种菜豆是为了当粮食，解决一家人的温饱问题。现在时代变了，交通便利了，快递物

流也发达了，想吃什么菜打个电话、上个网就能买到，不用再为吃的发愁，种植菜豆更像是为了留住熟悉的味道与感觉。近几年来，北京的温差比原来大了很多，从科学上讲菜豆喜温暖，不耐霜冻，生长适宜温度为15～25摄氏度，10摄氏度以下的低温或30摄氏度以上的高温都影响菜豆生长和正常结荚。在32摄氏度以上的高温下菜品生理代谢紊乱，易落花落荚，或荚小而畸形。为了保证菜豆的长势，张宗国有时还会特地提前种上菜豆，就是怕天冷了菜豆长不出来。

各种各样的豆类

张宗国家每年的菜豆种子都是由上一批种出的菜豆中得来，偶尔自家菜豆收成不好，种子数量少了，就会到别家借点。不过，近几年经济不断地发展，村里很多人都住到城里了。不光种菜豆的人少了，就连常住在村里的人都少了，剩下的也都是些孩子和老人，有的是没能力离开村子，还有的是舍不得离开住了一辈子的村子。村里的院子不是空着，就是出租给了外乡来的人，村民彼此的联系也随之淡了下来，再想要借种子都变难了。张宗国家无论是种菜豆还是种其他的蔬菜，一直都是坚持用传统的农家肥，虽然农家肥味道大而且不太卫生，但是张宗国说只有施农家肥种出的菜和粮食，吃着才有该有的味道。从外边买的菜，怎么吃都觉得少了点"乡村地头"的感觉。就拿西红柿来举例，他说原来的西红柿饱满多汁，皮软口感好。现在从外边买来的西红柿，吃着硬不说，还没有味道。现代人为了追求效率，大量地施用化学肥料，种出的菜和粮食却丢掉了本来的味道。

"我觉得你们这个种质资源普查弄得挺有意义的。"张宗国在电话回访的最后说道，"这两年村里搞帮扶政策，在村里弄了个合作社，就光我听说的，2018 年成立的合作社，2020 年就净挣了 40 万元，给村里的贫困户挨家挨户地分红，大家手里有钱了，日子也过得好了。但是我又转念一想，大家都奔着挣钱的东西去了，这以后的地谁种啊，尤其是这菜豆，种的人是越来越少了，加上这天气是越来越怪了，今年这菜豆我都没收上来多少，没准我以后也不种这东西了。"

张宗国家里的菜豆作为宝贵资源，离不开当地自然环境的孕育，离不开张宗国的悉心栽培，更离不开几代人的坚持。小小的种子背后蕴含的是记忆中的味道。

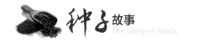
种子故事 | 老种子：平凡中的默默传承

　　北京市怀柔区的李翠兰，向我们讲述了她与种子之间的故事。李翠兰告诉我们，19 岁高中毕业后，她就跟随前辈们从事农耕工作。在选择种子方面，她更愿意相信农民自己留的种子优于在外购买的种子，因为农民自留的每一粒种子都是亲自精挑细选的饱满籽粒，具有强大的发芽力。李翠兰如果第二年有想要种植的作物，她会提前一年进行贮备，将需要用到的种子进行妥善保存，以便来年播种。

白高粱

　　高粱，俗称蜀黍，是我国传统五谷之一。自古就有"五谷之精，百谷之长"的美誉。高粱脱壳后即为高粱米，籽粒呈椭圆形、倒卵形或圆形，大小不一，呈白、黄、红、褐、黑等颜色，有粳性和糯性两种。高粱有红、白之分，红者又称为酒高粱，主要用于酿酒；食用以白色高粱米为好，含丹宁少，角质多，食用品质好，磨粉和做淀粉，粉质较好。从医学角度讲，高粱是一种温和的作物，有健脾胃、清热润肺的作用，食用价值很高。

红小豆也叫赤小豆，是一种喜温、不耐涝、忌连作和重迎茬的作物，一般在5月5日至15日播种。李翠兰说红小豆最好选择2年以上没种过豆类作物的地块种植。为保证红小豆能尽早并且整齐地出苗应尽量做到播深一致。播种前要做好准备工作，选择好的种子，将虫蛀粒、碎粒和杂质去掉，保证种子的净度和纯度。种子精选后要晒一段时间，这样有利于保留红小豆种子的活力。红小豆苗期长势弱，需要时常除杂草以免红小豆生长缺乏营养而有损品质。疏松土壤，保持土地的温度，调节土壤的水分、养分，还要时常注意通风情况，这样有利于促进根系和地上部分生长。当红小豆植株上部茎枝变黄，下部叶片脱落，豆荚颜色变浅，就到了收获的季节。收获之后要记得及时晾晒，控制红小豆所处环境的含水量，如果含水量过高就很容易变质，导致一年的辛苦劳作毁于一旦。农民靠天吃饭，这些农作物就是一家人的宝贝。

红小豆

说到这些杂粮的吃法，李翠兰娓娓而谈。这些作物的烹饪方法都是传承上一辈的做法，并进行了升级与创造。自己家种的杂粮吃起来口感非常

好，味道很纯粹。她详细说明了珍珠挂与红小豆的做法，珍珠挂可以熬成黏粥，不是稀汤寡水的，而是黏黏糊糊的，口感十分醇厚且丰富；或是碾成面，放上豆沙，蒸成窝头，口感细腻顺滑且香醇浓郁；或是放在饼铛中烙成火烧，香酥浓脆，也别有一番滋味；还可以和成面，搓成小颗粒，放在沸水中煮熟，和酸菜一起吃，不仅口感上佳，且风味浓郁，酸咸可口，十分下饭。红小豆可以熬粥喝，口感是面的、沙的。吃到自己亲手种的杂粮烹饪的食物，心情会很好，也是一种童年味道的传承。家中的小朋友也很爱吃，无添加，不施化肥，吃起来不但口感好，还会更加放心。

作物的产量是足够自给自足的，不对外售卖。村民们都互相帮助，我有想种的作物就会向你去借种子，你家缺什么种子我也会借给你。

珍珠挂（黏）

随着科技的发展、技术的进步，越来越多杂交品种的出现导致老种子逐渐退出了历史舞台。杂交品种往往产量高，对生长环境的要求不高。但是论营养价值与口味，往往是老种子种出的农作物更胜一筹。保护老种子需要大家共同努力，需要让更多的人认识老种子，让更多的人愿意传播老种子。让我们共同努力把老种子留下来！

种子故事 | 糜子的故事

　　我国著名人文景观慕田峪长城位于北京市东北部的怀柔区，全长 5.4 千米，是我国最长的长城，享有"万里长城，慕田峪独秀"的美称；这里还有上香求子求姻缘、香火不断的红螺寺，更有诸多的自然风景区，如神堂峪自然风景区、青龙峡风景区、黄花城风景区以及人文与自然相融合的雁栖湖景区。诸多景区融山川、河流、奇峰、坚石及古长城为一体，是一个环境幽静、没有干扰、没有污染、仙境般的世外桃源，景色优美，空气清新，谷底是清澈奔流的雁栖河水，两侧是景观奇特、秀丽如画的山峦。通过蜿蜒曲折的山路，我们来到了本次故事所发生的村子。该地是北京市怀柔区的下辖乡，地处怀柔区北部偏东，东与河北省相邻，东南与密云区接壤，乡域面积 241.56 平方千米。

　　郇福云是村里的农技员，她说三十多年前自己从河北老家嫁到这里，一直生活在此地，勤勤恳恳了大半辈子，从原来的"面朝黄土背朝天"到如今的休闲小山村，村里人也过上了富足幸福的生活。

　　一谈起糜子，郇福云不禁发出感叹，好像从记事起糜子就一直陪伴着自己。郇福云介绍糜子主要生长在北方，非常耐干旱；糜子去皮后叫黍米，大家常会称不黏黍米为"糜子"，黏的为"黍子"。而且黍米很健康，可以滋阴、活血、健脾，蛋白质含量较高。

　　而关于村里种植糜子的历史，由于年代过于久远，郇福云已经记不太清了。她模糊地记得从她嫁到村里至今，都一直有村民种植糜子，虽然糜

子是当地农作物中最为贵气的一种，但从来没有间断过。尤其每逢国庆节前后，沉甸甸的糜子就开始丰收了。糜子在当地多用来制作年糕，用于各种喜庆宴席或者招待重要客人。在端午时节，当地人都会用糜子包粽子，其营养丰富，口感香糯甜美，吃了后耐饥管饱。

在困难时期，大家都吃不饱穿不暖，一年不见得能吃上几次大米、白面。至于为什么种植糜子，郇福云说道："糜子比其他农作物收成时间短，五月播种，九月就能收成。"当时，人们把肥沃平坦的土地都种上小麦、玉米等传统作物，同时充分利用土地资源，将一些贫瘠的土地、山坡地等种植上糜子，通过天然的降水灌溉，也无须花费太多的时间与精力。糜子的种子也非常容易保存，大多数都是挑一些好点的植株，留个一"咕嘟"，将它挂在房檐下晒干之后，用布袋或纸袋包裹好，来年种植的时候拿出来即可。

糜子

　　而如今，种糜子的越来越少了。首先，糜子本身就是低产作物。如果碰上恶劣天气的话，那恐怕都不会有什么收成，所以村中大部分地都种玉米，糜子的份额就越来越小，种植的人也越来越少。再者，"现在大多数都是村里的老人们种，种得也不多，就平时没事种点小杂粮，好在端午的时候包粽子"，郇福云这样说道。村子里很少见到年轻人在农村搞农业，大部分年轻人选择到城里工作。留在村里的大部分都是上了年纪的老人，过着闲暇的田园生活，自给自足，满足自己的生活需求。而且随着北京政策的调整，"退耕还林"的面积越来越大，糜子种植的地方也就慢慢转移到了各户人家的院落里。

　　如今，随着人民生活水平的提高，对农作物的口感和品质要求也更高了，这些特色农产品正昂首阔步走出去发挥更大的价值。依靠当地的资源禀赋，村民们辛勤劳作，将更多更好的农产品提供给社会，回报家乡。也许在外人看来这些不过是商品，是食物，但在家乡人心中，点点滴滴都是一段记忆，一个故事。

种子故事 | 老先生与大白黍子

　　本篇故事介绍的种子所在地位于北京市怀柔区，地处怀柔区最北边，东接河北省，乡域面积 301.77 平方千米。刘宗福就住在这个村子里，他家主要种植的作物是大白黍子。大白黍子属于单子叶禾本科植物，生长在北方，耐干旱，有的地方多用黍米酿酒，因此又被称为"酒米"。籽实也叫黍子，淡黄色，去皮后俗称黄米，黄米再磨成面俗称黄米面，性黏，常用来做黄糕、酿酒，营养价值高，含有丰富的蛋白质。但是因为黍米黏性大、较难消化，老弱病人和胃肠功能不好者不可多吃。在张家口的阳原、蔚县及山西大同广灵、朔州应县等地区，黍子是很重要的食物，这些地区的人每天中午都会食用；华北其他地区也用来蒸年糕；内蒙古沿长城一带的部分市县特别是鄂尔多斯、乌海、集宁等地还用来做黄糕及油炸糕；鄂尔多斯、乌海还常常用黍子酿制米酒，其是北方重要的粮食作物之一。

　　刘宗福家已经种植大白黍子十余年了，每年种植二十余亩地。

　　平时，刘宗福家保存种子的方法有很多。比如放在谷仓，谷仓要保持一个干燥的环境；再如将种子晒干后装进密封容器，如玻璃瓶、塑料瓶、铁盒等；还可以将种子放在通风干燥阴凉处，如抽屉。他们最常用的方法是将种子包在纸里并放进袜子里，把袜子放在阴凉处，这样保存的年份更久，发芽率也更高。刘宗福老先生说，保存种子最重要的是保持干燥，在雨季过后的晴天，要清理和晾晒，以防霉变和生虫。种子都是需要三年一更替的，长时间保存的种子会烂，无法再发芽。

　　据了解，种植大白黍子时并不费力，只需要播种即可，浇水施肥不是必需步骤，种子自然生长即可成熟。刘宗福说黍子对耕地的要求不高，可肥可瘦，水肥条件好产量高，水肥条件差产量低，黍地一般应选向阳的耕地。种植大白黍子时，通常是在春天整地，耕翻深度 20～25 厘米，耕后及时把耱，保住土壤水分。播种期对于黍子的生长发育、产量、抗倒伏性有不同程度的影响。播种不可过早也不可过迟，要保证种子生长的温度。刘宗福一家选择的播种方式是分穴播，分穴播主要是在地膜上采取的一种播种方法。播种后还要注意对种子进行镇压。黍粒小，加上春天风大、干旱，如果播种浅，种子不能与土壤紧密结合，种子难以吸水发芽，因此黍子播种后应及时镇压 1～2 次。

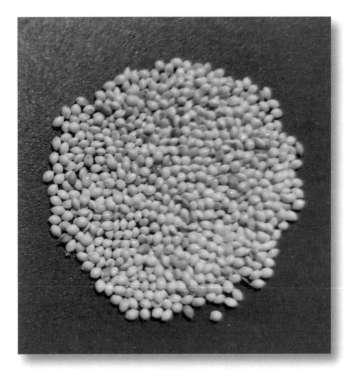

大白黍子

中耕锄草是黍子的一项重要管理措施。农谚说得好，"锄头自带三分水""锄三遍，八米二糠"，充分说明中耕锄草的重要性。中耕可以疏松土壤，增加透性、蓄水保墒、提地温，有利于根系的生长发育，同时消除

杂草，减少土壤养分的消耗。黍子整个生育期中耕 2～3 次，第一次中耕结合间定苗进行，第二次中耕可在拔节期进行，第三次中耕可在封垄前进行。

尽管大白黍子可以靠自然生长结果，但刘宗福仍然会不定期施肥，以提高黍子的产量。刘老先生多用农家肥和玉米化肥。刘宗福说，为了保证幼苗期养分充足，施肥宜早不宜迟。黍子追肥是一项有效的增产措施，第一次追肥在拔节前配合浇水进行，第二次追肥在孕穗期，这次追肥能促使穗大粒多，籽粒饱满。

大白黍子在种植期间还要注意以下问题：黍子不抗倒伏。若种子抗逆性较差，会出现减产、质量下降的问题。黍子的籽粒成熟后需要及时收获。过晚收获，穗过度成熟易折断，遇风易落粒。到了收获时，邻里乡亲们带着农具过来帮忙，被帮助的农户会请他们留下来吃顿饭并送给他们一点收割的粮食。剩下的大白黍子，一部分出售，另外，留一部分自己做年糕吃。刘宗福家做年糕，首先将枣放入水中泡一段时间再煮，黍子面加入温水，和面，将枣都融入面中，揪一个小的面团在手里搓，搓成团，然后在锅里蒸熟。吃的时候也可以在面里加点糖，可以根据自己的口味添加。做好的年糕，也会给邻里乡亲分享，以感谢黍子成熟期邻里的慷慨帮助。

除了大白黍子，刘宗福家剩下的几亩地还用于种植玉米。相比于黍子，玉米是可以提前收获的，做青苞米食用，经济效益更高；更有利于与生长期短的作物套种，如与黍类作物套种，可以收获更多的粮食。

大白黍子在二十多年前很盛行，而刘宗福说现在已经不再种植大白黍子了。因为其受杂草的影响大，家中的青壮年劳动力进城打工，仅靠两位老人照顾不过来。大白黍子已经逐渐被更易管理的玉米替代。还有一个原因是大白黍子已经逐渐变得不黏，没办法满足农民做年糕的需求，加上黄黍子的引进，大白黍子的种植量逐步减少了。

种子故事 | 八月黍成，老翁忆旧

"八月黍成，可为酎酒。"

在《诗经》所涉植物中，黍子几乎是出镜频率最高的，用现在的时髦话说，是"热词"。考古学研究表明，包括桑干河上游阳原县、蔚县在内的华北地区，是黍的原产地，遗存黍的年代距今大约1万年至8700年，这至少比《诗经》的年代要早5000年。

北京市的"北大门"——怀柔，有着得天独厚的地理条件，使得怀柔物产丰富，板栗香甜，虹鳟鱼肉质细、味道鲜，果脯、古钟御酒国内国际享有盛誉。本篇故事所介绍的种子所在地就位于怀柔区，该村拥有丰富的历史文化和满族民俗文化，村里人口并不多，满族人口将近半数，算是一个小型村落。些许人家炊烟袅袅，田间小路弯弯绕绕，砖砖瓦瓦错落有致。我不禁想起郑板桥的"村艇隔烟呼鸭鹜，酒家依岸扎篱笆。深居久矣忘尘世，莫遣江声入远沙"。

孟召福兄弟俩就住在该村。"从我记事起，家里就开始种黍子啦。"孟召福快60岁了，打小就生活在这座村子里，守了村子大半辈子，也种植了黍子大半辈子。村里的年轻人该外出务工的全走了，剩下的老人们依旧守着这座村子。在他们那个年代，黍子是一种比较稀有的粮食，只有逢年过节才会拿出来吃，做成粽子，做成煎饼，刚出锅，孩子们便会争先恐后围上来，只为尝口热乎的。到了端午节，家家户户都会用黍米包成粽子。招呼一声，让孩子们给村里另一头的亲朋好友送过去。长此以往，白黍子便成了孟召福的童年美食之一。

孟召福家里现在仅留着几分地，用来种点黍子。以前，村子里地多的时候，每年五月份，每户人家都开始耕地，趁着雨前播黍子。细小的黍种，枕着布谷鸟的叫声酣眠，一夜之间吸饱水分，扎撒出针鼻儿大的白根。又几天朗朗的日头照着，杏黄风软软地吹着，小小的嫩绿的芽头倏地拱出地皮儿。不多少时日，黍苗开始在暗夜里咔嚓咔嚓地拔节，孕穗。一低头，满眼的青绿，出口气儿都是无比顺畅的。孟大爷告诉我们，这种黍子不用怎么照料，都是自然肥，全靠大自然的雨露收获。

白黍子

"味道嘛，我感觉和记忆里的味道差不多。"孟召福家现今种的白黍子，基本上只用于自家食用，很少拿出去售卖。现在卖的话价格也不高，也就几块钱一斤。黍子今年遇上了旱情，产量减少了很多，所以孟召福还在自家地里撒了些玉米。孟召福向我们介绍黍子的口感非常绵软香甜，可以做年糕，做煎饼，做粽子。孟大爷说他们小时候就一直吃黍子，现在吃得少了，大家喜欢吃白米白面，家里也就逢年过节的时候会拿点黍子出来，打年糕，烙煎饼，包粽子，吃个稀罕，吃个念想。黍子在秋天收获，打下的黍子会送到磨坊去碾米磨面。白黍子呈淡白色，微微发黄，黍米是有香气的，温和的、新鲜的黍米香。这香气，外人也许闻不到，但村民人人闻得真切。一捧新米的香气，能逗引出一腔湿漉漉的口水。

一方水土养一方人，村里的村民吃年糕算是一例。不过，作为一种拥有万年历史的古老农作物，黍子养育的又何止这山区的田野人家。夏商周时期，黍的身影曾遍及大半个华夏。汉代以后，中华文明与世界各大文明之间实现前所未有的交融，农作物的种植清单也急剧更新，但黄河以北大部分地区仍以旱作农业为主。20 世纪 80 年代，水田在广袤的北方平原已不是什么稀罕之物。随着水浇地面积的扩大，黍子、大麦，甚至高粱、谷子，才飞快地退出主要大田作物的行列。我问一些年纪小的孩子，何为黍，何为稷？他们只会翻着字典说，黍、稷都是庄稼，散穗者为黍，实穗者为稷。至于黍、稷何滋何味，则是完全陌生的。

村里的年轻人走了，剩下的老人依旧在坚守，或许孟召福种植的那几分地，只是想保留内心深处"大黄米"的回忆。

眼前仿佛有了画面：胡营村的打谷场，静悄悄的，白发老翁安卧在场边，等待秋收的节气。最后的农耕图画，还存续于村子的八月。而一棵黍子的命运，却该到达新的拐点了。

明年八月，又该是黍子的节日了。

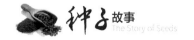

种子故事 | 最想吃的黍米糕

　　黍，单子叶禾本科植物，生长在北方，耐干旱，一年生栽培作物，民间称为"黍子""黍谷"，籽实淡黄色，煮熟后有黏性。《说文》记载：黍，禾属而黏者也。黍是我国最早用于耕作的植物之一，起源于我国华北地区。黍子也是农作物中水分利用效率较高、成熟期较短的作物，目前多种植于我国华北地区，是北方重要的粮食作物之一。

　　黍子的种植历史已经有几千年了，是我国最古老的农作物之一。可是如今好多人听都没听过，更别说见过了，那是因为它的种植范围是很小的，仅北方的大同和张家口等一些干旱的地方种植较多。今天了解的故事就是种植黍子的一位老人——彭明宝，这位老大爷已经快到耄耋之年了，满族人。祖上是当年闯关东时候来的北京，已经有四代人了。别看老爷子快 80 岁了，身体还很硬朗，但是因为上了年纪，家里人便不再让老大爷种植黍子了。一方面是种植黍子太累了，每天都要照顾黍子，身体吃不消；另一方面是家里年轻人都去城里上班了，也没有人能帮老大爷一起种植。

　　彭明宝讲述道，他种植的黍子是黑黍子，种质来源就是怀柔当地的老品种。黍子的主要特性是抗病好、抗虫强，而且品质好、抗逆性强。彭明宝所居住的地区属于温带气候，地形为山地，土壤类型为褐土，正好适合黍子的生长。彭明宝介绍黍子形态特征与糜子相似，籽实有黄、白、红、紫等颜色。籽粒脱壳即成黍米，呈黄色。很多人会把黍子、糜子、谷子混淆，但三者还是有些区别的。黍子和糜子很相似，从秧苗、果实来看，非常像，二者的区别之一就是黍子煮熟后较软黏，适合做糕点、煮粥；糜子煮熟后质地较硬，适合加工成粉做面食。而小米则从秧苗上与二者差距较大，果实也比二者小许多。

　　彭明宝说，在他们村里几乎每家每户都会种植黍子，但是因为土地有限，而且土地的营养由于世世代代的种植已经逐渐减弱，所以黍子的产量并不高，他们种植的黍子一般都不售卖，而是留着自家食用。彭明宝说像他们家的话，种个一两亩就够吃了。黍米磨成面，就可以做成黄糕了，这是他们一家人最爱吃的，也是他们村的特产。有很多农户自己家做好香喷喷的黄糕，通过微信朋友圈、抖音、朋友帮助转发等来进行销售，节假日的时候，附近村子也会有人来他们村买黄糕给亲戚朋友吃。但是黄糕的出名程度不止于此，甚至会有一些人特意远道而来买黄糕吃，一买就是好几十斤。

黑黍子

　　彭明宝还说村里有个什么婚丧嫁娶，招待客人，宴席上是少不了用黍面做成的炸糕的。可以说这是该地区非常具有象征性的一样食物，非常讲究。在村里还有一些人家用黍子酿制米酒，这个还是笔者第一次听说。

　　彭明宝说其实他小时候并不喜欢吃这种黍米糕，而是更喜欢吃馒头和米饭，觉得这些食物更美味。可是那个时候在农村很少能买到别的粮食，

吃的基本上都是自家种的。另外，那个时候彭明宝家里也困难，所以很少能吃到大米和馒头，便只能天天吃糕了，但是再好的食物天天吃也会反胃的。黍米糕特别黏实，吃了比大米要耐饿得多。不经常锻炼身体或是从事脑力劳动的人吃了还不太好消化，所以从来没有吃过的人刚开始吃可能还吃不习惯。直到长大后老大爷才慢慢地开始喜欢吃糕，尤其是离开家乡后，想吃都吃不上，因为在外地根本就买不到黍子。老大爷说他离开家乡去外地好几个月，回到家后最想吃的就是黍米糕。

黍子的营养价值其实是很高的，据科学调查，黍米中含有人体必需的8种氨基酸，而且氨基酸的含量均高于小麦、大米及玉米。黍米中的其他营养成分，比如蛋白质、淀粉、脂肪、维生素以及一些微量元素和膳食纤维，无论是质量还是含量均高于大米、玉米，所以长期食用也是有很好的保健功效的。黍子不仅具有很高的营养价值，也有一定的药用价值，是我国传统的中草药之一。《黄帝内经》《本草纲目》等书中都有记述，黍子甘、平、微寒、无毒。黍米入脾、胃、大肠、肺经，补中益气、健脾益肺、除热愈疮。主治脾胃虚弱、肺虚咳嗽、呃逆烦渴、泄泻、胃痛、小儿鹅口疮、烫伤等症。

黍子在食用方法上也是多种多样。北方逢年过节必备的年糕、豆包、粽子等，都可以使用黍子加工而成。而且黍米中碳水化合物的含量非常高，经过水解能产生大量还原糖，可以制造糖浆、麦芽糖；黍子籽粒外层皮壳有褐（黑）、红、白、黄、灰等多种颜色，经过化学处理可提取各种色素，是食品工业中天然的色素添加剂；黍子还是酿酒的好原料，用黍子酿酒，出酒多且酒味香醇，比如，北方黄酒就是用黍子制成的，含有多种氨基酸和维生素，营养价值和药用价值很高。

唐代著名诗人孟浩然在《过故人庄》中写道："故人具鸡黍，邀我至田家"，讲的就是主人用黍子做的饭招待诗人，显示了主人的热情，可见在那个时候黍子就是很重要的农作物，充分表达了作者对黍米的喜爱。彭明宝说他年轻时，不管什么时候回到家里，他总是会让母亲做黍米糕吃，因为这是最正宗的家乡的味道。

种子故事 | "开犁苏子"一身宝

　　本篇故事介绍的种子所在地位于怀柔区的东部，该村 2020 年时共有 131 户、320 口人，耕地面积 435 亩，山场面积 20000 亩。这里山清水秀，景色优美，环境清幽，空气清新，村民安居乐业，王恩贵一家就住在这里。王恩贵介绍说自己家里种植苏子的面积并不大，因为主要是家里人食用，不用来售卖。家里的地同时还种着其他粮食作物，比如高粱等，每种作物都少量种植，既避免了浪费，又能保证家里人可以吃到多种粮食作物。

苏子

可不要小看这小小的苏子，苏子小小的身材，却拥有着大大的能量。苏子是一种唇形科紫苏属，一年生草本植物，具有独特的香味，十分清新。苏子具有多重价值，包括药用价值、食用价值、工业加工价值等。苏子的药用价值主要体现在有助于止咳平喘，润肠通便等。同时，苏子还有很高的工业加工价值，用苏子榨取的紫苏油，可用于制作涂料以及布料的防水涂层，也可以用作燃料。这小小的苏子，浑身都是宝。

王恩贵也不记得村里种植苏子具体有多久了，只记得他小时候村里便在种植苏子了。苏子对土壤的要求并不高，所以村里很多人都种植苏子。说起什么时间播种苏子，王恩贵提到了一句农家种植谚语"开犁苏子卧犁麻"。王恩贵用通俗易懂的语言解释"开犁苏子"的意思就是，苏子的播种时间很早，大概在三月份便可开始播种，"卧犁麻"的意思就是犁放下之前要种麻。类似的种植谚语还有很多，它们是广大劳动人民在长期实际生产、生活中总结出的经验成果，充分体现了广大劳动人民的智慧。这些种植谚语不仅充满趣味，也使大家更容易记忆与使用，有助于掌握更科学的种植时间。

苏子叶子

王恩贵家在苏子的整个种植过程中都是亲力亲为。先将去年自己家留存的优质种子进行播种，在苏子的生长过程中，要及时除草。王恩贵家还有着他们自己独特的种植方式——长期以来，一直坚持施用农家肥。现代农业中，为了提高一些粮食作物的产量，很多人选择施用化肥。但是，大量施用化肥也会产生一些严重的问题，比如会导致土壤的肥力不断下降，同时也会造成一定的环境污染。而施用农家肥就可以大大缓解上述问题，农家肥不仅更有肥力，更富含满足植物生长所需要的营养元素，对土壤也有良好的修复作用，同时相对于化肥来说污染也更小，更有助于保护环境。良好的土壤环境是种植植物的基础，只有将土壤充分地照顾好，尊重自然、顺应自然、保护自然，才有利于接下来种植环节的顺利开展，最终获得丰收的喜悦。

苏子全株

据相关记载描述，苏子在我国有着约 2000 年的种植历史。提到苏子的食用价值，李时珍曾记录：紫苏嫩时有叶，和蔬茹之，或盐及梅卤作菹食甚香，夏月作熟汤饮之。这足以表明，古代时人们便研制出了多种苏子叶的食用方法。至今，苏子叶依旧是一种简单方便的食物。提到苏子的食用方法，王恩贵也讲述起了"舌尖上的苏子"。苏子叶，现在主要是用来包肉吃。先将新鲜的苏子叶洗净，再包上几片热腾腾的烤肉，最后淋上秘

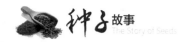

制的酱汁，卷在一起食用。这样吃起来既营养又美味，香喷喷的烤肉搭配上清新的苏子叶是一种别样的舌尖上的享受。苏子籽，王恩贵家主要有两种用途，一种用途是将苏子籽进行压榨，制作成苏子油，这也是苏子籽最常用的用途之一；另一种用途则是将它们擀成面，在制作"黏东西"时搭配食用，可以在制作年糕或火烧时，蘸上提前擀成面的苏子，一锅新鲜出炉的热气腾腾且软软糯糯的年糕再搭配上苏子独有的清香，也是一种独特的味蕾的享受。"舌尖上的苏子"还能做出更多样式的美食，既健康又美味。

种子故事 | 等孩子和南瓜

·

　　守着万里长城的一处重要关口，是复建的青灰色古城堡，不禁让人遥忆当年中原与北方游牧民族"茶马古道"的繁荣商贸，这是怀北；抬头望山，出门面水，古色古香的仿明清民居错落有致，仿似一幅水墨画卷，这是琉璃庙；绵延 1 千米有余，占地超 500 亩，一片五颜六色的景观花海，与青黛色远山相互映衬，这是汤河口；沿汤河而建，全长约 15 千米的八旗秀水文化长廊，串联起八旗庄园、古街、大集及驿站，这是长哨营。而本篇故事介绍的种子所在地恰如世外桃源般隐藏于怀柔的逶迤群山之中，附近有慕田峪长城、红螺寺、青龙峡、雁栖湖、怀北国际汽车营地、北京二锅头博物馆等旅游景点，有怀柔板栗、六渡河村板栗、龙山矿泉水、桥梓尜尜枣、水晶门钉等特产。

　　宁静的村庄远离城市的喧嚣，村里能看到麦田和菜地，农民在田里干活。朴实的面庞不停流淌着勤劳的汗水，田中的小麦在风的推动下形成缕缕波浪，仿佛金色的海洋，豆角和茄子点缀在菜园之间，金色的南瓜懒懒地趴在地上等待雨水的到来，到处彰显着勃勃生机。

　　在这片宁静的村庄中住着于中连一家。

　　于中连快 80 岁了，一直生活在这个村子里，与土地相伴了一辈子，日出而作，日落而息，面朝黄土背朝天，他是这片大山深处无数朴实农民的缩影。除了一般粮食作物，于中连也是种植南瓜的好手。

　　于中连家中有常年种植南瓜的习惯。南瓜属于葫芦科，一年生蔓生草本植物，茎常节部生根，叶柄粗壮，卷须也粗壮，果梗更粗壮，因品种而

异，果实形状丰富多样，性喜阴凉湿润气候，极易栽培。在我国南北方的广大农村中，普遍种植南瓜。

南瓜

关于村中种植南瓜的历史，于中连表示，一直以来村中就有种植南瓜的习惯，这边俗称倭瓜。春季开始播种，一般是在三月份左右，夏季结出果实，一般在七月份丰收。南瓜的食用方法在北方地区都差不多，可以做成馅儿包包子、捏饺子，可以炒菜，也可以上锅蒸来直接吃。

于中连表示，在他的记忆中，小的时候，经济困难，家里多种植南瓜、番薯来填补小麦、玉米等粮食作物的缺口。随着经济发展越来越好，村民的生活水平不断提高，粮食作物越来越充裕，新鲜的蔬菜、瓜果等越来越丰富。南瓜的种植比例便有所减少，但是农民对南瓜的喜爱程度并未降低，只要家里有些地，总会在播种的时候撒下一把南瓜种子。

从于中连的话语中能够感受到，南瓜作为村中最常见且历史比较久的老品种给村民生活带来的各种影响，伴随着一代人的记忆，伴随着乡村的发展，走到了今天。同时，于中连也感叹道，虽然现在生活好了，道路更加畅通了，又重新建了新房子，生活方面越来越好，再也不会像原来那样有吃不饱的时候，但曾经的回忆还是难忘的、美好的。现在随着农业技术的不断发展，南瓜品种也逐渐丰富，种植方式也不断科学化、专业化。但于中连表示还是曾经的南瓜在品质口感方面比较好，更加香甜软糯。随着化肥的使用，南瓜的产量上来了，但口感不像从前那么美妙了。

南瓜种子

生活越来越好，但村里的人越来越少，年轻人都外出打工了，村中只留下了老人和小孩，金灿灿的南瓜也随着果蔬品种的不断丰富而不再显眼。于中连回忆说，原来吃不饱的时候看到南瓜，家里人都抢着吃，热热闹闹的，感觉那时候的南瓜好吃极了。说到这儿，于中连笑道，可能是现在生活好了，肚子里都有油水儿啦，感觉南瓜没以前有滋味了。生活富裕的同时，也失去了一份曾经的纯真和回忆。

于中连的感叹中表达出的更多是期盼。他相信更多的年轻人将来会回到农村，会发展乡村的经济，接过老一代人手中的接力棒，把乡村发展得越来越好，越来越热闹，使村民的生活越来越丰富多彩。而不是像现在这样守着空村子，留着以前的那点念想，等着孩子们回来吃南瓜。

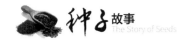

种子故事 | 又是一年紫花开："我"与花豇豆

"绿畦过骤雨，细束小虹鲵。锦带千条结，银刀一寸齐。贫家随饭熟，饷客借糕题。五色南山豆，几成桃李溪。"这是明末清初诗人吴伟业写的关于豇豆的诗。家住北京市怀柔区的李秀芹大姐家就种有这种作物，寒来暑往，豇豆也见证了李秀芹从豆蔻年华到天命之年的成长。李秀芹种植花豇豆已经有 30～40 年了。早在她刚记事的时候，家里祖辈就开始种这种豇豆了，这种花豇豆是北京当地的老品种。

花豇豆是生活中常见的豆类食材，就是人们平时吃的长豆角的种子，是豇豆的一种。豇豆，又名角豆、饭豆、长豆角、豆角、浆豆等，在我国栽培历史悠久，豇豆分为长豇豆和饭豇豆两种。长豇豆一般作为蔬菜食用，既可热炒，又可焯水后凉拌。饭豇豆也称花豇豆，等饭豇豆成熟了，可以剥出豆粒，煮粥或蒸熟，粉面面的，特别香。

李秀芹说豇豆一年可结两次，喜温、喜雨水。种植豇豆从播种开始，然后搭架、施肥，接着等其开花，最后就是长豆角，收获豆角。四五月份松土下籽，待出土、吐芽、伸蔓大约长到半米高时，就需要在豇豆根部附近插入竹竿，四根为一组，把竹竿梢部系紧。这时，李秀芹家的菜园地里便出现了一排排的豇豆支架，豇豆藤就沿竹竿向上攀缘，形成一片绿的海洋。等到豇豆花开时菜园里又是另一番景象，"豇豆花开紫满篱"，像无数只翩翩起舞的彩色蝴蝶，漂亮极了。

种植豇豆也十分不易，李秀芹每年都担惊受怕的。因为这种作物都是靠天收成，下的雨多了，产量就高；但如果发旱了，都结了籽，就没有收成。除了天气，还有鸟害、野猪糟蹋粮食，大家也没什么有用的解决办法，只能每天晚上去地里放炮、挖土坑吓唬让它们离开，但是也只能管一段时间，不是治本之策。

花豇豆种子

豇豆做法也有很多，可凉拌，可蒸肉，可做馅，可腌制佐粥，甚至可将豇豆和米饭一起煮……味道都很不错。长豇豆肉质肥厚，可以和米饭一起炒着吃，还可以做包子馅；吃不完的那就干脆用开水焯过，晒干贮藏，放点盐巴、酒、花椒、大料、小米辣腌成酸豆角，等冬日时加入腊肉相烹；花豇豆特别适合用来煮粥，用它煮出的粥豆香浓郁，口感软糯，易于消化和吸收。花豇豆不但营养丰富，还能促进身体代谢，提高身体素质。

李秀芹向我们讲述，她从1996年开始做农技员。当时农技员都是需要初中学历，进行考试面试的，李秀芹以第一名的成绩被选拔为农技员。村民家的大小事情都需要农技员管理，比如统计每户的耕地、家禽的数量，给村民讲解一些种植技术等。若是遇到农忙，李秀芹也会非常负责地照顾村里老年人或行动不方便的村民，帮助他们打理土地，收割作物。后来随着政策的调整，村里开始实行退耕还林政策，许多耕地被政府租用来种风景树，自家的耕地变少了。不过，现在村里依旧还有九十多亩耕地由

李秀芹管理。

李秀芹解释道，可能因为农技员的身份，也有自己的情怀在里面，一直种着一辈辈传下来的种子。每年李秀芹都会在自己家周围撒上一把花豇豆，年年种年年把种子留下来，一晃神都三四十年过去了，现在如果一年不种豇豆都有点不太习惯了。因为种得少，所以李秀芹家种的豇豆并不会拿去销售，就自己家吃，多了拿去送给亲戚朋友。李秀芹说自家孩子也喜欢吃这口，每次回家都会让李秀芹给他做着吃，虽谈不上山珍海味，却也是难忘的时光里珍贵的味道。

小小的花豇豆串起了祖孙三代人的故事，随着一年又一年紫花的开放与凋落，一代代都从牙牙学语到白发苍苍，每一代都有自己的花朵，都有他们的故事。人生或许也像花豇豆一般吧，花开花落，沉沉浮浮，会凋谢，但也会盛开，最后都会有属于自己的果实。

种子故事 | 难以割舍的味道

　　"砰"的一声，一阵白烟缭绕，定睛一看，原来是路边师傅在崩爆米花呢。在儿时的记忆里总少不了这一幕，每次看到师傅把烤好的"黑葫芦"套进麻袋，一脚踩住时，都要赶快捂上耳朵，离得远一些。但随后闻到爆米花的香味，我又总是第一个冲上去。玉米不仅开启了我金黄色的童年，也陪伴于青龙老人度过了数十载的年月，这是于青龙不忍割舍的作物。

　　于青龙是北京市怀柔区的一位农民，如今 60 多岁了，他从小跟着祖父辈学习种植农作物，至今都快 50 年了，于老大半辈子都在和土地打交道。大家最常吃的是水果玉米、黏玉米，但很少知道还有红洋玉米和黄果春玉米吧？于青龙家就有这些老品种玉米，种子都是其祖父辈留传下来的。这两种玉米都是北京本地的品种，一年熟一次。于青龙说现在种这类品种玉米的非常少了，他所知道的在北京仅有部分地区还种着红洋玉米、黄果春玉米（祖辈们也叫它小果春）。于青龙所在的村子里也就只剩三四户还继续种着，四五十岁的人都已经不种了，就六七十岁的老人还在种，所以于青龙经常提醒自己一定要好好留着这些老种子，毕竟是老一辈一代一代传下来的，不能让老种子在他这里断了，一断就没地方找了。

　　于青龙告诉我们，他们种植老玉米一般不上化肥，只用农家肥——圈粪、熏粪和沤粪。在农村这点还是非常好的，可以吃到自己种的绿色食物，不用担心农药和化肥残留问题，吃起来更健康。以前在有山坡的地方，大家都用镐头、套镐耧地，在平地会用犁铧，套着牲口播种，但现在

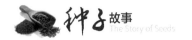

大家都不养牲畜了，就用麦耧播种。因为于老家的地在山坡上，车和农机上去都不方便，所以都还是人工作业。家里的地平常都是于青龙夫妻俩一起种，子女们会在空闲的时候帮个忙。

红洋玉米

红洋玉米、黄果春玉米、大白棒子这些老品种玉米的产量比不上现在的杂交玉米，但是要说口感还是老品种玉米更好，吃起来更香。红洋玉米、黄果春玉米等老品种非常抗旱，只要不是极端干旱的天气，基本不用浇水，靠平常下的雨就能结大棒子。一般村子里做饭都有灶子，等黄果春玉米成熟以后，用火灶子烤着吃，烤得焦巴一点吃起来非常香。把红洋玉米碾成玉米面，加点大芸豆煮粥，喝起来非常香。剩下的玉米秆子也不会浪费，可以用来烧火，是良好的助燃料。

现在于青龙家中就剩几分地了，其他的地被集体租用种树了。在自己的"小天地"里，于青龙除了种玉米还会种些常吃的蔬菜，春天就种豆角、西红柿、黄瓜等应季蔬菜，秋天就种萝卜、白菜等易储存的菜。种出来的玉米和菜，于青龙家一般都自己吃，多了就送给亲戚朋友们，不会拿来销售。于青龙所在的村离集市也远，交通也不是很方便，况且夏天收获的菜不易储存，坏得快，所以夏天村民们很少会去集市卖菜。秋天种的土豆、萝卜等易储存运输的作物，村民们才会拿出去卖一些。同时笔者还了解到，于青龙所在的村里没有专门卖菜的，卖菜的商贩一周来村里一次，这时村民们会买些自家没有最近又想吃的菜。

问起于青龙的祖父辈为什么会种这些老品种的玉米时，他说："以前品种不多，吃的东西也少，黄果春玉米等成熟期短，人们可以早点吃上。"很简单、很现实地回答，以前是为温饱，现在是追求口感。随着我国经济发展，小康社会全面建成，人们再也不用担心吃不饱、穿不暖的问题了。这不仅是于青龙家经济水平的提高，更是社会发展进步的映射。

黄果春玉米

于青龙很担心这些种子以后没人种，会消失。但我们国家对粮食安全越来越重视。相信会有更多有知识、有力量的青年人接过于青龙这一棒，以确保我国粮食安全和乡土文化的延续。

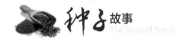

种子故事 | 朴实的双手耕耘平凡的幸福

　　谈到种子都是如何保留下来的，彭光玲告诉我们，老百姓都喜欢以前的种子，感觉现在的种子没有老种子种出来的农作物口感好，质量高。老种子的保留离不开全村人的努力，谁需要就去有种子的村民家讨上一些，经过这样共同的努力，我们才得以见到这些老种子种出来的农作物。

　　怀柔区的彭光玲在自己家中保留并种植了一些老种子，其中包括红蓖麻、小黑豆、爬豆、糜子和辣椒。小黑豆在院子里种了一小块，据彭光玲说有一年种的小黑豆只长了秧子，没有长角，也不知是天气原因还是其他什么原因。这几年长得也不好，长了角，但都是瘪的。彭光玲推测是天气不好并且雨水不充足，导致这两年的小黑豆长得不好。

小黑豆种子

《本草图经》有云：大豆有黑白二种，黑者入药，白者不用。其紧小者为雄豆，入药尤佳。小黑豆是一种清热解毒、降胆固醇、补血养肾的好药材，日常食用肯定是益处多多的。小黑豆大多在春天种植，如果赶上好年头，暑伏再种也行。不过种得晚了的话，就会心发空、发硬，没有沙，能熬粥，但是不能包豆馅包子。村里有小薄地的村民会选择种小黑豆，如果是大平地就选择种玉米。薄地因为土质不好，只能种这种小豆子。彭光玲去年也曾尝试购买市面上的大黑豆种子进行种植，收成也不错，结出的豆子个头偏大，也卖上了好价钱。雨水多时，产量高；而雨水少时，长出来的秧子没有角，就没什么收成了。

小黑豆可以熬粥吃，也可以做豆馅包包子吃。彭光玲的拿手好菜就是包豆馅包子，把小黑豆去皮磨成豆沙，绵绵软软，特别好吃，彭光玲极力推荐，这也是她最喜欢的吃法。而小朋友的最爱就是豆粥，也就是小黑豆和大米、小米熬成的粥。彭光玲从小到大一直居住在村中，丈夫也是同村的，祖祖辈辈都把汗水挥洒在这片土地上。小时候，父母也把小黑豆和爬豆同倭瓜放一起和成馅做黏豆包，每年春节，这都是桌上的美味。黏豆包味道好，能长时间储存，吃之前上锅蒸就可以了，这也是黏豆包年年上桌的原因之一。

辣椒和辣椒种子

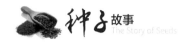
　　辣椒的花果期在 5 月到 11 月。辣椒是一种需要催芽播种的农作物，一般经过催芽播种之后 5 到 8 天就会出土，15 天左右出现第一片真叶，由此到花蕾初现就统称为幼苗期。辣椒的生长对温度是有一定要求的，一般需要在 15 到 34 摄氏度。种子的发芽也有讲究，需要在 25 到 30 摄氏度。相比于现在卖的小而细长的辣椒，彭光玲种的辣椒皮更薄、更软。本地辣椒皮脆，所以一般秋天腌青辣椒，到了冬天吃。辣椒偏辣，也适宜炸辣椒油。

　　在北方播种红蓖麻，需要在地表 5 厘米以下、地温稳定在 10 摄氏度时开始播种，土壤不能太干燥，要有一定的湿度。种子是需要催芽的，催芽需要用 30 摄氏度温水浸种 48 小时，换 2 到 3 次水后，温度保持在 20 摄氏度，等待 3 到 4 天后，种子就会发芽，这样就是催芽成功。如果温度保持在 30 摄氏度，等待 2 到 3 天后种子也会催芽成功。这两种催芽方式都是可以的，具体情况需要根据自己的经验进行调节，所以种植红蓖麻也是需要一定经验的，因为温度过高发芽反倒受阻。如果错过了这个时间，也就无法在当年种植红蓖麻了。

红蓖麻

红蓖麻种子头大脖子软，在播种的时候需要把土垒高 2 到 3 厘米，芽前尽量勿落土，每穴播 2 到 3 粒，直播 7 到 10 天出苗。当苗高 20 厘米后留健壮苗 1 株，这也就是我们所说的定苗。

红蓖麻可以榨油，但是彭光玲独为了那一抹赏心悦目的红色。红色的小花，一串一串的，十分好看，无论老人、小孩还是邻里街坊都喜欢红蓖麻开花的样子，摘下一串别在头发上，就是大自然给人们的装点。

彭光玲对老种子有一种发自心底的热情，无论是介绍其中的知识还是切身耕作，她都付出了真切的感情。朴实的话语无须过多的点缀，直抒胸臆就能让人感受到那份纯粹的感情。彭光玲没有觉得保留老种子是多伟大的举动，在她看来就是做自己喜欢的事情，用自己的双手把自己喜欢的东西制作成更多的美食带给家人、孩子，这就是平凡又幸福的生活。

种子故事｜秋天的谷子

　　给雷仲林老人打电话的时候他正在地里赶着收谷子，当我们问到他种的这两亩地时，雷仲林老人开始侃侃而谈。

　　"别旱！要有充足的水源，这是种植谷子最重要的。"雷仲林老人在说到如何种植谷子的时候给我们讲了许多自己积累的种植经验。小满，是二十四节气中的第八个节气，也是夏季的第二个节气。小满时节北方的天气开始逐渐变热，这个时候进行人工播种，温热的气候有利于谷子的成长。"谷子种下去等到冒出头有一寸来高，用锄开薄点，用手薅，二三指宽一棵，继续长，然后长穗，收穗子之后，用镰刀打，用吹风机把糠吹走，晒干，放进碾米机碾成米。"雷仲林老人在电话中详细地跟我们说着谷子的制作工序，详细程度犹如在跟我们介绍最宝贵的东西一般。虽然看着只是一粒小小的种子，但是经过时间的洗礼和雷仲林老人辛勤的劳作，小小的一粒种子最终长成了一棵棵结出饱满颗粒的稻谷，这蕴含着老一辈人的勤劳和智慧。

　　谷子从种植到出现在饭桌上工序有很多，如上文所述，包括播种、定苗、接穗、打穗、磨成米。雷仲林老人从孩童时候就开始观察、学习老一辈人是如何种地的，在这个过程中雷仲林老人传承了老一辈的种植技术和种植习惯，一直到现在，雷仲林老人每年接穗的方式还是沿用着老一辈的传统方法。雷仲林老人说道："咱们老一辈的东西不能忘，这都是多少年传下来的，我们不能把这个丢了，如果丢了那我们岂不是丢掉了祖宗传下来的最精华的东西？"说到这里，雷仲林老人语气中有一些失落。随着经济迅速发展，年轻人纷纷进城务工，村里许多地都没人种了。雷仲林老人的孩子平时在外工作，家里就只有他和老伴种着这两三亩地，平时和孩子也很少见面。但是雷仲林老人也说："进城好，进城了能够赚更多钱，也能够让生活好起来，只要孩子们过得好就行。"

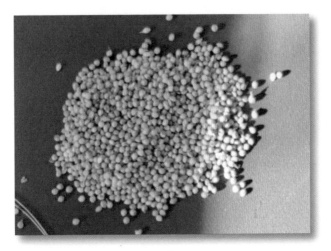

谷子种子

雷仲林老人说他小时候见过的许多粮食品种现在几乎都见不到了，农村几乎没有年轻人务农，只有老人在家种着两三亩薄地。令他印象深刻的就是红高粱，高粱秆像房子一样高，成熟之后，由于口感不好，人们不喜欢吃，于是成为家中牲口的饲料。唯独谷子，就算产量较低，但他依旧坚持种着。雷仲林老人说在选择谷子的种子时，相比于现在市面上的种子，老种子的质量更优，口感更好，所以每年自己都会留出一些谷子作为来年的种子。等到秋天谷子收获以后，就熬粥，压成面捏饽饽吃。说到这里，雷仲林老人极力推荐用自家谷子熬的粥，浓稠、喝起来顺滑，香味十足。

雷仲林老人从小时候就开始喝粥，到现在餐桌上也一直有粥的身影。现在的谷子产量不高，亩产大约在六百斤，赶上好年头，雨水多，产量就高。如果遇到干旱天气，产量就不尽如人意。虽然谷子产量不多，但是能够自给自足。雷仲林老人种的谷子从不对外售卖，平时谷子收上来以后会加工，送给身边的亲朋好友。一碗粥暖热了亲朋的心，拉近了彼此之间的

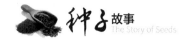

距离。20 世纪在家里条件最不好的时候，一碗粥养活了雷仲林老人一家，现在经济条件好了起来，这碗粥仍旧是家中不可或缺的餐桌主食。

雷仲林老人的孩子平时都在外工作，只有逢年过节才能回家。每次回家孩子总说无论在外面吃什么山珍海味，最想念的还是家里那碗热腾腾的粥，那是自己朝思暮想的美食，那里面有家的味道。

从春起种植到秋初收获，雷仲林老人将汗水挥洒到自己热爱的土地上，经过几个月的辛勤劳作与漫长等待，小小的种子终究会在秋天带来丰收的喜悦。

从一粒种子到一碗粥，是雷仲林老人一家生活的缩影。雷仲林老人说只要自己身体还能种谷子，就会一直种下去，会将这个味道一直传承下去。我们也相信这个味道会一直存在于雷仲林老人的生活中，蔓延于舌尖的味蕾上。

种子故事 | 口口相传：小小豆子大妙用

　　祖祖辈辈流传下来的不仅是种子，还有很多关于农作物的妙用。北京市怀柔区的彭明顺家中每年都种植江小豆和绿豆。豆类作物一般是在前年的豆子里面挑选出颗粒饱满、质量较好的作为第二年播种的种子，这是祖祖辈辈流传下来的种子，不仅质量高、品相好，药用价值也高，对身体健康极为有益。

　　在彭明顺心里永远都有一个作物种植表，什么节气该种什么作物都在他心里记得清清楚楚。每年的谷雨和立夏这两个节气之间，彭明顺会种植绿豆和江小豆，因为绿豆和江小豆喜欢在高温高湿的环境中生长，所以播种的时间不要太早，不然存活率和质量都不高，一般是在夏初进行播种。最好在夏季高温多雨的时候生长，有利于作物产量的明显增加。如果当年耕地比较旱，降水也比往年少许多的话，会直接导致结出来的好多绿豆是瘪的，更严重的是江小豆不结豆子了。说到这里，彭明顺还表示有些难过，因为自己家的绿豆和江小豆都是用的自家的农家肥，也从不打农药，往年绿豆和江小豆收获了以后，当作一份小小的礼物送给自己身边的亲戚朋友。但是如果收成较差，可能就不能如约送出这份"朴实"的礼物了。或许在彭明顺的心中，这一份小小的豆子，不仅仅是自己的劳动成果，也是每年收获季节和身边人的一个约定。我们希望每年都是一个丰收年，可以结出更好更优的绿豆和江小豆，让大家一起品尝到这份美味，将这份美味留在大家的餐桌上，通过这一份小小的豆子连接彼此的感情。

　　在电话中，彭明顺还认真地为我们科普了它们的食用价值。绿豆主要

具有解暑的功效，通常在夏季熬制成绿豆汤；在熬米粥时加入绿豆不但能丰富粥的口感，同时也是酷暑时节的美食。每年的夏天，彭明顺家几乎顿顿都会熬绿豆粥，绿豆粥似乎已经和夏天融为一体。酷热的夏季，来上一碗清凉解暑的绿豆粥，一天的闷热仿佛都被带走了。绿豆粥成为彭明顺一家整个夏天的记忆，仿佛缺少了这一碗绿豆粥，整个夏天都是不完整的。不但彭明顺自己喜欢喝绿豆粥，他的孩子们也喜欢家里熬的绿豆粥，虽然现在的雪糕、冷饮的种类层出不穷，但是对他们而言，只有自己家的绿豆粥才是心中最佳的"解暑神器"。

绿豆种子

除了绿豆，江小豆也是彭明顺一家最爱的食物之一。在农村，江小豆通常被称为红小豆，红小豆一般是用来熬红豆粥。由于江小豆有着补血养血、养胃健脾的功效，对于贫血以及产后虚弱都能起到补充营养的作用，所以以前孕妇在生产以后通常会用江小豆搭配着红糖煮成粥调理身体。自认为喝过各种粥的彭明顺说自家种的这些豆子的口感要比外面买的好很多，从食品安全等方面来说，彭明顺认为自家的豆子吃来也更加放心。

时间追溯到 20 世纪，在 1984 年生产队解散之前，绿豆和江小豆在村里的种植面积是较大的，但是生产队解散以后，村里面几乎很少种绿豆和江小豆了。因为这两类豆子本身产量就较低，遇到气候不好还极其容易颗粒无收，但是彭明顺依旧每年坚持种植半亩左右的绿豆和江小豆。究其原因，彭明顺只是说道："其实也没啥原因，就是自己这么多年也吃习惯了，辛苦点就辛苦点吧，自己种吃着也放心。还有就是，这个东西营养价值也高，我也喜欢吃。"于彭明顺而言，对于绿豆和江小豆的感情是质朴的、纯粹的，细腻的热爱往往藏匿于不善言辞的口中，是喜欢，同时也是自己无法割舍的一份情感。在日复一日的劳作中，劳作者对农作物价值有了更加深刻的理解，这种情感无法用简单的语言来描述，这是超脱于语言文字向我们展示的诚挚热爱。或许在未来的某一天，彭明顺家的绿豆和江小豆也会被其他人重新种植在土壤中，继续用汗水浇灌出最美的枝芽。

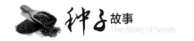

种子故事 | 记忆中的美味：大白棒子

"美食与农业我都热爱，我觉得我很热爱农业，也喜欢研究这些。"这是王秀兰老人对我们做的自我介绍。她不仅热爱农业，还喜欢研究农业，在她自己看来，她完全就是一个"农业迷"。在接下来的几十分钟里，王秀兰老人向我们细细道来她种植的大白棒子和对农业进行无限探索的故事。

王秀兰来自北京市怀柔区，每年秋天，大白棒子都结结实实地在自家庭院中长着，挺拔的身姿不失为一抹亮丽的风景。每年五月份温度大于15摄氏度的时候，最有利于种子发芽，王秀兰老人就在自己的地里进行播种。经过四个月的细心照料后，大白棒子在秋天就可以收获了，长成之后的大白棒子秆比人都要高。许多老百姓不爱种大白棒子的最主要原因就是它的秸秆高，不好收，刮风下雨也极容易倒伏。尤其是相比于杂交的玉米，大白棒子的产量非常低。但对于王秀兰来说，大白棒子粥的美味和自己对大白棒子的情感远远抵过种植过程中的不易。

相比于现在市面上常见的甜玉米与糯玉米，大白棒子味道和口感更佳，吃起来有一丝丝甜，软硬也适中，是介于甜玉米与糯玉米两者之间的味道，这是独属于大白棒子特有的味道。说到大白棒子的吃法，王秀兰老人说大白棒子可以做白棒子米粥。大白棒子加上红小豆，白白的粥点缀几抹红色，出锅的汤色偏粉，十分好看。在当年生活条件不好的时候，如果能够喝上一碗白棒子粥，那可真的是满足。

大白棒子

　　王秀兰对老种子有一种特殊的情感。除了大白棒子，王秀兰老人也会保留其他作物的种子。即使现在村里几乎没人再种植大白棒子了，但是出于对老种子的感情，她自己不愿意让大白棒子绝种，就一直坚持种植。每年大白棒子收获以后，王秀兰老人都会将大白棒子经过一道道复杂程序进行加工，然后将它们送给自己的孩子和邻居。说到为什么要保留老种子，王秀兰老人说道："其实也说不清为什么，主要是我喜欢种地。而且我喝这个也习惯了，不喝的话感觉生活好像缺了点什么。"小小的一碗大白棒子粥，口感浓稠，香味蔓延在舌尖上，萦绕在记忆中，舍不掉的是几十年如一日的饮食习惯，更加丢不掉的是王秀兰老人心底里对于农业种植的热爱。

　　王秀兰老人不仅在农业实践上进行探索，而且也将理论与实践充分结合。热爱农业的王秀兰不仅自己实践种植大白棒子，还超越实践地对老种子本身有了一些自己的思考。通过试验她发现，一般老种子都可以种个3至5年，就算是放置几年依然可以出芽，不过就是发芽率较低。于是，

王秀兰大胆推测，这些老种子生命力十分顽强，就算是再过几年，这些种子还能够发芽并且能够结出果实。这个大胆的推测来源于王秀兰日常生活中对农业知识的学习。她喜欢看电视上播放的农业节目，通过节目中的科普进行农业知识的积累。这也解释了王秀兰老人为什么会有上述大胆的猜测，她曾经在电视上看过一个案例：某地区的农民已经不再保留老种子了，导致某种大米绝种，但是多年后从我国的种子库又发现了这种大米的种子，这种种子至少保留了 10 年，最终还是能种出大米。这个案例深深地印在了王秀兰的心里，但是苦于没有试验的机会，她感到有些遗憾。年迈的王秀兰老人始终将"活到老学到老"这一理念深深地渗入到生活中，对于农业知识始终保持着孩童般的求知欲。

大白棒子种子

村中的年轻人多数在外务工，但村中有大面积的闲置土地。一部分土地用来种树，一部分就逐渐荒废了。现在村中的老人大多 60 岁左右，也少有亲自种地的。王秀兰也提出，希望我们可以把这些种子的故事带出去，让更多的人看到，呼吁年轻人回归土地，热爱农业，能够把老一辈的技术传承下去，把老种子保留下来，让这些土地不会随着时间而逐渐荒废。

种子故事 | 我与长豆角的四十年

　　每年春天，在北京市怀柔区的一个小菜园子里，总能看到于秀芝和他老伴一起在菜园中种植长豆角的身影。长豆角，一种毫不起眼却又举足轻重的蔬菜作物，成为于秀芝一家餐桌上不可或缺的角色。

　　在电话中，于秀芝老人非常热情地向我们介绍了自家种植的长豆角。于秀芝老人说20世纪70年代末到80年代初，在生产大队解散之前，蔬菜的品种较少，到了夏天几乎也没有什么其他蔬菜可以吃。因为长豆角属于耐旱作物且种植方法简单易学，只要播种下去，施上自家的农家肥，固定的时间进行浇水，到了夏天就可以进行采摘，所以那个年代几乎每家每户都大量种植长豆角。但是那时候长豆角种子的品质较差，即使大量种植也不如现在的产量高。随着科学技术的发展，长豆角种子的质量越来越好，产量翻了好几倍。于秀芝老人还说，在那个时候，长豆角是夏天专属的清凉解暑美食。把长豆角采摘下来以后，用开水焯一下，放一些蒜末，再淋上一些家庭常用的酱汁，就成为简单又美味的食物。那个时候于秀芝老人在生产大队干完活以后，回家吃上一顿凉拌豆角，身体上的劳累瞬间消散。

　　到了20世纪80年代，随着生产大队解散以及市面上的蔬菜种类越来越多，长豆角已经不再是人们夏季的必选菜品和当地种植面积最大的蔬菜作物了，西红柿、黄瓜等成为餐桌上的"新秀"。但是于秀芝老人却说道："虽然我们现在可以选择的菜品越来越多，但是长豆角依旧是我夏天最喜欢吃的一道菜。不但我喜欢吃，我们家孩子也喜欢吃。"问到原因时，于

秀芝老人淡淡一笑说："没有原因，就是简单地喜欢。"究其深层原因，这里面不仅仅是老百姓对长豆角的喜欢，对于于秀芝老人和她的孩子来说蕴含的是对过去时光的怀念，还有那几十年不变的生活习惯。

于秀芝种植的长豆角

于秀芝老人还对我们说道："现在孩子们都成家了，家里只有我和老伴，我老伴年轻的时候一直在外面忙，家里的小菜园只有我一个人在种。后来年纪大了，他就在家和我一起春天播种，夏天浇水，豆角成熟后，到了饭点我在家做饭，我老伴就去菜园里摘豆角回来。"说到这里，于秀芝老人还笑笑，继续说："人老了，也该享享清福了。孩子总让我不要那么累，不要再劳心劳力地在家种这些菜了。但是，我自己在家待着也没事可做，早晨起来我就会去菜园里看看长豆角长得如何，没事的时候我也会除除草。我就在自己家的小菜园里种一些，但是我们老两口也吃不了那么多，我就一个月赶两次集卖一卖。"听着于秀芝老人的这些话，我们的脑海中仿佛已经有了画面，看到了于秀芝老人和老伴幸福又平淡的晚年生活。之后，我们问道："您赶集的话，一次集能卖多少钱？"于秀芝老人说："不多，也不指望它能卖什么钱，现在长豆角一斤四五块钱，我一袋子也就二三十斤，一共卖一百多不到两百块钱吧，就够我平时买柴米油盐的。但是我有时候一个月也赶不了一次集，自己家吃不了，我就送给邻居和亲戚朋友，自家种地不打农药，而且施的也是农家肥，吃着健康。在城里的亲戚每年都会来看我，夏天她来看我的时候我也顺便摘点长豆角给她带回城里。"小小的长豆角虽然在经济上对于秀芝老人并没有什么太大的帮助，但却成为连接于秀芝老人和亲人亲情的一根细线。小小的作物不但缩短了城市与乡村的距离，也升高了亲情的温度。

在整个采访过程中，于秀芝老人都十分热情地回答我们的每一个问题。对于她而言，种植长豆角不仅是自己生活的一部分，而且也是自己长达几十年辛勤劳作的延续。春天播种，夏天收获，长豆角也象征着于秀芝老人对生活积极向上的态度。在小小的方形菜园中，长豆角这一作物将会续写于秀芝老人勤劳幸福的晚年生活。

种子故事 | 笨白高粱天然的味道

　　怀柔区的卜广清家中主要种植笨白高粱这一农作物。高粱俗称蜀黍、芦稷、茭草、茭子、芦穄、芦粟等，是我国传统的五谷之一。高粱属于禾本科高粱属一年生草本植物，是古老的谷类作物之一，有食用及药用功效。高粱米是高粱碾去皮层后的颗粒状成品粮。高粱主要产区集中在东北地区、内蒙古以及西南地区。按其性质分为硬性和糯性两种，粒质分为硬质和软质。籽粒色泽有黄色、红色、黑色、白色或灰白色、淡褐色五种。高粱有红、白之分：红者又称为酒高粱，主要用于酿酒；白者用于食用，性温、味甘涩。中国的名酒如茅台、五粮液、泸州老窖、汾酒等都以红高粱为主要原料。高粱是酿酒、制醋、提取淀粉、加工饴糖的原料。白色高粱米的功效有很多，其含有丰富的镁元素，能促进人体纤维蛋白的溶解，具有抗血栓的作用，可防治心血管疾病。而且高粱米中含有单宁物质，具有收敛力强、缓解腹泻等功效。此外，高粱米中含有较多的尼克酸，能有效地防治疥疮。高粱还含有较多的纤维素，可提高糖耐量，降低胆固醇，促进肠蠕动，预防便秘，对降低血糖有很好的作用。对需控制糖分、降糖的人来说，高粱是少有的健康粗粮。我们所采访的卜广清家中所种植的就是白高粱当中的一种，又称笨白高粱。

　　关于村里种植白高粱的历史，卜广清是这样说的："从我记事起，这里就在种植白高粱了，小时候吃到的白高粱与现在吃到的有很大不同，现在总感觉不是小时候的味道了，也不如小时候吃到的白高粱香甜。"可能是因为如今家家户户都使用了化肥，高粱产量上来了，但是品质却下降了，口感与卜广清小时候吃到的大不相同。卜广清说："现在年轻人都出去工作啦，已经没有多少人留守在田间地头种地了。现在科技手段也发达，种植的方法也不一样了，高效的农具为我们省了很多力气。"由于生活方式的改变，如今大量的年轻人不会选择留在乡村，而是外出打工，村中劳动力的缺失成了种植业发展面临的难题。

笨白高粱种子

卜广清家里种了大约二十亩高粱地，虽然现在村里的年轻人不愿意学、不愿意种了，但是村里的老人都还保留着每年种植的传统，不用外面的那些化肥，而是选用自家的农家肥，如果不够也会选择天然的玉米肥料，这是保持纯天然的基础，这也是多少年来，还能吃到老味道的保障。

春高粱一般是在四月到五月间开始播种，而夏高粱要到六月乃至七月。具体的播种时间还要看当时的天气，如果播种的时间过早，容易挨冻，种子出苗之后不宜成活；种晚了，也不行，高粱成熟得就慢了。村子里都是大家一起帮忙，谁家闲着就叫谁，村民们的感情也都是靠互帮互助搭建起来的。人们总说老一辈街坊邻里的感情浓厚，那都是你一铲、我一铲，一点一滴积累起来的。

说起高粱的种植技巧，卜广清可有心得。高粱根系发达，吸水吸肥力强，宜选择平坦疏松较肥沃的地块种植。播种前必须做到精细整地，将

地耙平、耙细。高粱忌连作，合理的轮作方式是高粱增产的关键。高粱的理想前茬是大豆茬，其次是玉米茬、马铃薯茬等。适宜的后茬最好是大豆茬，或与玉米、谷子轮作。播种前进行风选或筛选，淘汰小粒、瘪粒、病粒，选出大粒、籽粒饱满的种子。同时，选择晴朗的天气，晒种 2～3 天，提高种子芽势、芽率。播种密度以"肥地宜密，薄地宜稀"为原则。

　　据卜广清所说，他们村里依旧在使用农家肥等传统的种植方式来种植笨白高粱。也许正是这样的一种坚持，才可以让本地区的笨白高粱延续下去。在此，卜广清也呼吁年轻人应该多关心农业，多回归田园看看，以免以后出现农作物没人种植的局面。

种子故事 | 怀柔区的软枣猕猴桃

本篇故事介绍的种子的所在地位于北京市怀柔区的一个民俗村，该村 2019 年共有 290 户 684 口人，60% 的满族人口。山场总面积 53075 亩，民俗户（几乎都是以农户名字命名的农家院）100 家，村子里的 25 号是刘志民农家院。刘志民今年 49 岁，在当地种植软枣猕猴桃已经二十几年了。刘志民从小跟着父亲上山采果，当时祖辈们称猕猴桃为"杨桃"，属于当地森林群落野生的无性繁殖果子。软枣猕猴桃除了可以作为食物，还有品质好等特点，其含有丰富的膳食纤维，能够促进肠胃消化，在今天仍是被大众喜爱的珍品水果。

软枣猕猴桃植株

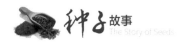

当时，"杨桃"被农民视作填肚解渴的野果子，味道酸甜可口。刘志民父亲觉得这是稀有难得的果子，应该把它保护和种植起来，以便随时食用。于是，刘志民便自己上山寻找果子树苗（植株），根据雌株和雄株的不同，选择能开花结果的植株观察其生长状况，根据植株判断果子的大小和酸甜度，然后在不破坏生态的前提下选择野外苗圃培育出新的植株。从寻株到培育成功大概要花两年时间，是一个很漫长很辛苦的过程。

软枣猕猴桃

软枣猕猴桃树叶

前期的寻株和培育过程会耗费大量的时间和精力，一旦种植成功，后面的批量种植就是人工和技术问题了。所以，现在刘志民承包了十多亩地，带动村里几十户农民种植软枣猕猴桃。除了猕猴桃，还种了六十多亩的蔬菜、花卉、药材等植物，适宜的套种有利于猕猴桃的生长。因为有很多种花卉果蔬，需要大量的人工来管理种植，所以刘志民每年都会雇用很多人进行培训上岗，每一期培训大概 300 人次。不外出务工的妇女、当地的部分农民也都参与进来，妇女栽苗子、浇水、摘蔬菜苗子等，男人主要是浇水、除草。每天 120 元工资，事情也不多，几乎都是相对固定的员工，相互建立了较高信任度，所以即使没有监督和催促，他们也会把地里的果子管理得很好。这就是社会学中人际关系的问题，人与人之间建立了信任度，很多事情处理起来就比较容易，矛盾也就随之减少。

为什么刘志民等人会坚持种植软枣猕猴桃二十多年呢？主要是因为他们的产品有三大优势：第一，海拔优势。他们种植猕猴桃的地方平均海拔850 米，海拔高度决定了日照时间，日照时间长的果子甜。第二，水源优势。这里以山泉水为主，种出来的果子绿色健康。第三，气候优势。这里昼夜温差很大，夏天平均温度不超过 20 摄氏度，白天 30 摄氏度，晚上大概 18 摄氏度。除此之外，还有一个重要的因素，这里的猕猴桃种植使用的是绿色健康的落叶肥，有自己积累的肥料，也有从乡里买来的。良好的综合环境因素为猕猴桃提供了优越的生长环境，使得其品质优良，深受客户喜爱。

测量软枣猕猴桃雌蕊花瓣

　　好的产品往往是一个长期种植和培育的过程，也倾注了农民更多的心血，猕猴桃的种植也不例外。每年春天大概4月底农民就开始修整树枝。因为海拔较高，大概要到5月底开花，盛花期是6月中旬。9月上旬果子开始成熟，变成深绿色了。到9月下旬就陆续有游客来采摘。9月下旬摘下来的，可以在家里放三四天，保鲜袋装着放在凉快的屋子里，四天到五天就完全成熟了。

　　从猕猴桃的生长周期开始，几乎每一种农产品的生长都是一个漫长的过程，每个季节、每个阶段作物的生长习性不同，需要投入的管理精力和时间也不同。而农民付出辛苦和血汗换来的产品也正在悄悄地受市场上同类进口农产品的价格影响而处于劣势地位。刘志民家的猕猴桃在景区展销价格比进口品牌便宜一半。而刘志民却说他便宜卖的目的是希望有更多人能买到物美价廉的猕猴桃，让更多老百姓能吃得起好的产品。这样的农民是我们心目中的农民，但同时他们也面临着收入不高的问题。

软枣猕猴桃

以前农民种植农产品主要是为了自己食用，现在不同了，除了自己吃和送给亲戚朋友，大部分是以销售为主。刘志民家也不例外，除了果子，刘志民还会把自己培育的植株免费送给村民种植。因为生长环境不同和客户喜好不同，刘志民把软枣猕猴桃分类销售，一种是个头大的、长的，25克左右，口味偏酸；另一种是个头圆的，长得像乒乓球，口味很甜。现在他们还在培育一个新的品种：红心猕猴桃，拓宽市场，种植出符合更多客户喜好的农产品（猕猴桃）。而今通过农业局的电商培训，他们学习了一些专业知识，准备在传统销售方式的基础上，增加电商销售方式，拓宽销售渠道，更好更快地提高农民收入。

通过软枣猕猴桃的故事，我明白了，真正好的产品是农民用脚步和手掌丈量出来的，是农民用汗水浇灌出来的，一颗颗美丽可口的果实倾注了农民许多年的心血。当我们希望以优惠的价格买到品质优良且放心的果蔬时，可能农民们某一阶段的心血和汗水正在降价甚至整个种植过程都在以低价销售，所谓"谷贱伤农"。这时，我们要以一颗平常心、站在农民的角度去看问题，多一些理解和体谅，以双方满意的价格进行交易。

种子故事 | 一颗种子，一种传承

　　本篇故事介绍的种子所在地位于北京市怀柔区，东西两侧山峦叠翠，南北是辽阔的平川，美丽的白河、汤河穿境而过。这里依山傍水，景色秀丽，水资源充足，水质良好；山地广阔，林木茂盛。这里山好水好土地好，正因如此这里林果等农业资源丰富，果林面积 540 公顷，盛产苹果、梨、大蒜、板栗。

　　这个村子以种植紫皮大蒜而闻名，孟春梅就是其中一家紫皮大蒜种植户。据孟春梅介绍，她家从父辈开始就在这里种植紫皮大蒜了，有近百年的历史了。我们将一起走进孟春梅一家，聆听紫皮大蒜的故事。

　　在生产队解散之前，孟春梅所在的村子就在种植紫皮大蒜了，孟春梅关于紫皮大蒜的儿时记忆也就此展开。在孟春梅的记忆里，小时候反而没有怎么吃到紫皮大蒜，只是看着父亲就这么一年一年地种着。后来，家庭联产承包责任制确立，孟春梅一家依旧种着紫皮大蒜，这一种就是七十多年。

　　如今，孟春梅家只在自家院子里种些紫皮大蒜。每年冬天，孟春梅的父亲孟爷爷就开始掐种，把大蒜种子储存好。孟春梅还提到有一年冬天，大蒜种子在泡沫箱子里掐坏了一些，孟爷爷为此懊恼了好几天的故事。到了开春，一家人扒好大蒜，垄沟，挖坑，把大蒜一个一个放在里面，培土，浇水，这样大蒜就种好了。不同的是，现在孟春梅的儿媳妇和小孙子也参与了进来。"我告诉我小孙子，他放大蒜种子的那几个坑就算他种的，让孩子也感受一下，这些过程都是要了解的。"孟春梅笑着讲道。和以前为生计奔波劳作不同，现在种植紫皮大蒜的过程更像一家人其乐融融、享受亲情的家庭活动。从小时候看着父亲种蒜，到现在教小孙子种蒜，不仅仅是一茬又一茬的大蒜，也是孟春梅一家一代又一代的传承。虽然没有见到，但孟爷爷年轻时为家人辛勤劳作的伟岸背影，和小孙子慢慢将大蒜种子摆在坑里的样子似乎在我脑海中重叠。时间如白驹过隙，当时的青年已年过古稀，新一代的孩子承载着新的希望，不变的似乎是两人手中拿着的那颗大蒜种子。

　　大蒜的种植不是一蹴而就的，从开春种好，到成熟的这段时间还要进行除草、浇水、施肥等一系列环节。村子附近有一些专卖农资的小摊，孟春梅会去买一些复合肥，很方便。家里谁有空谁就去除除草，浇浇地，一家人照顾这些大蒜。而这些工作用孟春梅的话说就是，"农民嘛，就是干这个的，这些活儿从小干，都不叫事儿，一个人也都能干完。"阿姨朴素的话语里蕴含着我国农民勤俭节约、勤劳奋斗的精神。也许对我们来说，种大蒜的过程是烦琐劳累的，而在像孟春梅这样淳朴的农民眼里，这些活儿早已像吃饭、喝水一样轻松。我们应向这样的农民致敬，是他们的辛勤劳作保障了我国十几亿人的生产生活所需，为国家的飞速发展保驾护航。

紫皮大蒜

　　如今，紫皮大蒜在东黄土梁村已经不对外销售了，除了满足自家的食用需要，更是一种情感的维系。紫皮大蒜因蒜瓣肥大，汁多，辛辣气味浓郁，捣烂成泥也不变味而颇负盛名。紫皮大蒜不仅是营养丰富、鲜美可口的调味佳品，还具有提高人体免疫力和防癌、抗癌的作用。因此，孟春梅家年年都种，留一部分自己吃，剩下的送亲戚朋友。一头头紫皮大蒜，早已不能用价格来衡量它们的价值，更多地体现着家人亲戚朋友之间情感的传递和维系。无论这些大蒜以怎样的方式烹饪，我想人们尝到的不只是大蒜本身的味道，也能尝到这一颗颗大蒜里积淀了几十年的淳朴情感。

　　当谈到今后是否还会种植紫皮大蒜这个问题，似乎也勾起了孟春梅对于紫皮大蒜浓浓的情感。"种，种一辈子啦，这是好东西，从我父亲那辈就开始种，到我这辈，哪能不种了呢？包括以后孙子这辈儿哪怕不在村里生活，不种地了，也要知道这东西是怎么来的。"也许我们无法真正感受到孟春梅对紫皮大蒜的那份情感，但我们可以想象，那是小时候父亲无言的汗水，是成年后亲手在这片土地继续耕作的守护，是教导后辈不忘本的传承。无论是哪种情感，最后也都深深凝结成了孟春梅一家现在的幸福生活，而且我相信，生活也会越来越好。

　　孟春梅一家与紫皮大蒜的故事是他们村子的缩影，也是我国一辈又一辈辛勤奋斗的农民的缩影。一方水土养一方人，我们不知道，紫皮大蒜究竟是何时在这块土地上生根发芽的，但它承载着几辈人的回忆，是这片土地上永不消逝的宝藏。人们将感情系在一颗颗大蒜种子上，融入这片土地中。也许有一天，东黄土梁村不再种植紫皮大蒜，但情感已在这片土地深深扎根，沃土终会结出最珍贵的果实。

　　我国几亿农民都在自己的土地上默默劳作，辛苦付出。不仅仅是紫皮大蒜，所有的种子都在用力扎根，向上发芽，一个又一个种子的故事终会被人们传颂，一代又一代的人们也会在这广袤大地上奋斗，也正因为如此，我们的国家也会越来越好。

种子故事｜风尘仆仆的大红棒子

　　农民的心总像孩子那样清澈，不被利益所熏，不被欲望所利。他们靠双手，挥舞着锄头，面朝黄土背朝天。虽然每日耕种，如此反复，但农民的脸上依然挂着纯洁的笑容，眉眼之间都散发着纯朴的气息。

　　故事发生在北京市怀柔区，这里人勤物丰、景色优美。在记忆中，每天公鸡的啼叫打破夜的寂静，天边的曙光划破夜的黑暗时，缪玉侠就已经起床。每天起床后，不仅要做早餐，还要把午餐也做了，盛在饭盒里，然后打上一壶甘甜的井水往地里去。一天之计在于晨，一年之计在于春。当太阳金色的光芒洒在大地上，他们老两口已经开始耕种了。老两口用力抡起锄头在地里挖出一个坑，动作是那么舒展娴熟，然后把玉米种子丢在坑里，再用锄头盖上土。那时，孩子们总是在地里看着父母劳作，自己玩捏泥巴，泥巴干了就偷偷倒点壶里的井水和一下，捏成各种各样只有他们自己才叫得出名字的东西，玩得指甲里都塞满了泥巴。当太阳升到最高的时候，他们扛着锄头到阴凉的地方去，打开饭盒望着里面炒得油亮亮的午餐，咽咽口水便大口吃起来，老两口吃到肉的时候总默默地夹给孩子们。

　　稻谷沉甸甸的清香，玉米棒子的清香，还有花生香喷喷的味道，红薯的甘甜味道，融合成了秋天特有的馨香。秋风吹过，天地间都散发着秋天的味道，香味随风写成了秋天的诗。秋天的风，馨香四溢。抬头望着天空，晴朗了许多，云彩白白，衬托着蓝色晶莹。秋天，写着收获。放眼望去，玉米金黄金黄的，像金色的海洋。你仔细去看，就会知道，它们好似战士一样，笔直地站在那里。现在，玉米成熟了，也变重了，有的自己垂

了下去，好像在提醒农民，可以收它们了。每个玉米都紧紧挨着，像一家人一样温暖，虽然它们排列得并不整齐，甚至有些凌乱，但大体还是好看的。

大红棒子

微风缓缓地吹过，玉米叶子相互摩挲，发出沙沙的声音，是那样的舒服、惬意。收获完玉米后，把它们堆在自家的后院里，缪玉侠还会剥一些玉米粒拿到阳光充足的地方去晒，她将背篼里的玉米粒倒在地上，均匀的散开来。晒玉米虽然简单，但在晾晒的过程中却不容易。没过多久，家里养的小鸡向玉米走了过去，开始啄玉米粒吃，缪玉侠便起身去赶它们。日子就这样一天天地过去了……

慢慢地，沐浴着改革的春风，这里发生了天翻地覆的变化。

如今，从村里到城里的水泥路贯通了，平整又宽阔，每天进出的车辆一辆接一辆，客运班车每天也有十几班了，到缪玉侠家门口的公路也修通了，汽车可以直接开到院子里。"村村通"工程的实施，新农村建设的开展，使得村子越来越美。放眼望去，一排排整齐的村庄坐落在青山绿水之间，仿佛置身美丽的图画。农家饭桌上的菜肴丰富了，想吃什么都有；农家的条件越来越好了，电视机、电冰箱等各种电器应有尽有；农家的生活越来越富足了，农民的腰包越来越鼓了，农民的脸上时刻洋溢着幸福的笑容。

大红棒子种子

　　又到了玉米收获的季节。来到田野，一片片玉米地望不到边。玉米棒子的外皮已经黄了，该收获了。一块块农田里，玉米收割机的马达轰鸣，在田野里奔跑，跑到地头，把机舱里黄灿灿的玉米棒子倒在运输的汽车上。地头上，农民的一辆辆拖拉机、三轮车、汽车在等候着运玉米。看到此时田野里繁忙的景象，缪玉侠也感慨过去人工收获玉米的日子。"那时候没有机械化，全是人工收获。收获玉米的时候，老两口一人在前边掰玉米棒子，堆在地上，地里每隔不远就是一堆玉米棒子。后面一个人手拿小镢收获玉米秸秆。"缪玉侠说，掰玉米的经常被玉米叶子划破脸，本来就满头大汗，被玉米叶子一划，疼痛难忍。有时候汗水流到眼睛里，难受极了。后面收获玉米秸秆的比前面一个人还累。开始大包干的时候，是人抬肩挑。不管多远，全是人力运输，当时有一辆独轮小车就不错了。随着社会的进步，农村的发展，缪玉侠家也用上了人力两轮车。后来，还用上了用牲口拉的大车。

　　到了今天，改革开放40多年以后，党给予了许多帮农助农的政策，农村发生了翻天覆地的变化。尤其是进入21世纪以后，农业机械化的程度不断提高，收获玉米全部是机械化。回忆起当年的情景，缪玉侠感慨万千："自己亲身经历了农业现代化的进程，体会到了人力收获玉米的艰辛，今天的机械化来之不易，要珍惜今天的幸福生活，要感谢党的帮农政策，感谢改革开放的成果。"

她相信不远的将来，中国的农业现代化又会有一个飞跃。现在，每家每户虽然还有几亩土地，但不适合大型农业机械的运用。随着农村土地的流转，农村的发展又会进入一个新的阶段。但无论什么时候都不能忘记，那时候千千万万像缪玉侠一样的人，鼻子和额头上沁着细密的汗珠，虽然身体疲惫，但手上的动作依旧麻利，脸上抑制不住的激动和发自内心的幸福。

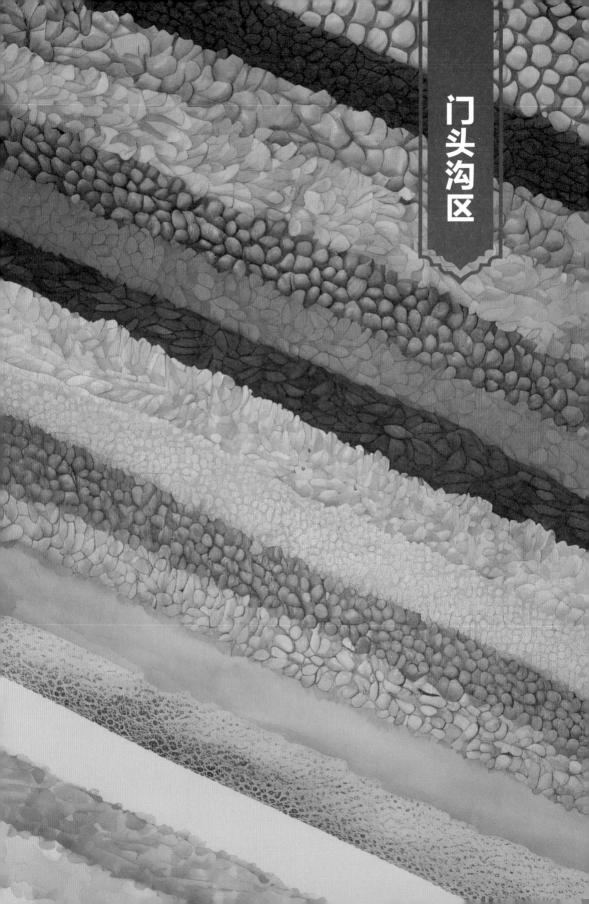

门头沟区

种子故事｜"白马牙"：记忆中的味道

"白马牙"玉米就是我们俗称的"老玉米"，因玉米粒像骏马的牙齿一样洁白、饱满而得名。"白马牙"玉米的秆子长得高大又粗壮，遇到大风天也很难被吹倒，拥有坚毅挺拔的优秀品格。千百年来，历代面朝黄土背朝天的庄稼人，不断在风里雨里反复试种、筛选、培育，由此获得了这能抗击倒伏的优良玉米品种。那时的农民，都喜欢"白马牙"，认可"白马牙"。披散在头顶的"白马牙"花穗非常漂亮，宛如礼花。阳历九月，玉米花穗几乎在同一时间盛开，如果从空中俯视，玉米地已由原来的深绿色变成了淡黄色，那是花粉的颜色。玉米花虽少了几分芳香，但会产生强烈的视觉画面。一阵风吹来，满眼的玉米棵子就会尽情地摇曳起来，花穗纷纷扬扬地翩然飞舞，在阳光的照射下金光闪闪、熠熠生辉。"白马牙"的叶子密实而厚重，那隆起的叶脉清晰可见，仿佛能看到绿色汁液在其叶面深处流淌。雨过天晴，深绿色的大叶子在微风中有节律地摆动着，相互摩擦出一种天籁的声音，它们最大限度地伸向远方，似乎在探寻和触摸它们生命之中的秘密。"白马牙"的叶子，聚拢成全景的时候，就变成了美丽的带有神秘色彩的青纱帐，那一块块巨大的被大地承载着的绿色立方体会尽收眼底，继而让人感悟到生命的力量，从而产生一种巨大的冲动，去拥抱自然，拥抱那些像列队战士一样的玉米。

生活在北京市门头沟区的史天库依然保留着"白马牙"玉米的种子，他说这是祖祖辈辈都种植的作物，以前都是靠它来解决温饱的。对于史天库来说，这是从小吃到大的味道，吃惯的这一口是什么山珍海味也不

换的。

　　史天库告诉我们这种作物一定要适时播种，最好是在地温稳定在 12
摄氏度时播种，播种深度为 5 厘米，播种过早、种得过深，地温太低都会
出苗缓慢，易感染丝黑穗等病害。可以增施有机肥，配施氮、磷、钾肥，
并且一定要及适时浇水。

"白马牙"玉米

　　他家现在有五口人，只有他和老伴儿两个人种地。家里四五亩地，大
部分种植了"白马牙"，还种植了一小部分蔬菜供一家四口日常食用。每
年的"白牙马"都有剩余，但是并不够售卖的数量，大多时候都是给亲
戚朋友带一些。史天库老人还跟我们说，以前都是靠牛拉犁来耕地种植农
作物，现在科技发达了，有农用机械能够统一翻地，等到"白马牙"成熟
了，就跟老伴儿一起掰棒子。在过去物资贫瘠的时代，"白马牙"为一家
人提供了生活所必需的物质保障。史天库告诉我们，"白马牙"玉米有几
百年的历史，是祖祖辈辈的口粮，代代相传。那时候的口粮不多，就想着

以丰富的烹饪方式来满足自己的味觉，于是香醇的磨棒糁、具有丰富口感的棒子糁、可以熬粥的大棒子米、呱呱顶饱的窝头应运而生。中华美食丰富多彩，就算是普普通通的玉米也能做出丰富的花样。

现在，种植农作物的主要原因还是老两口儿闲不下来，同时又因为自己种的农作物绿色又健康，所以一直保留着家里的耕地用来种"白马牙"以及蔬菜。伴随着岁月的流逝，如今史天库也只是自给自足地种一些"白马牙"玉米，能够在自己想吃的时候吃上一口，就是最令人满足的事情。

"白马牙"玉米种子

"白马牙"不仅是史天库从小吃到大的美味，也是家里孩子们从小吃到大的美味。孙子从小就跟史天库生活在一起，每年新下来的"白马牙"都会让孩子们先吃到。这么多年过去了，长大成人的孩子们对"白马牙"玉米是很有感情的。无论走到天涯海角，孩子们都会记得这一口家乡与童年的味道。

但是后来村子里的年轻人都前往市里打工、上学，留在村子里继承种地手艺的年轻人越来越少，所以依旧是史天库他们这些老人在耕种劳作。同时，大多数人都选择种植收益高的黄金桃以及香椿等，"白马牙"逐渐被人遗忘了，村中种植"白马牙"玉米的面积就越来越少了，种子的保留也只是靠这些还保留着情怀的老人们。

种子故事 | 缕缕金丝：绵延不断的传承

金丝小枣是由酸枣演变而来的。掰开半干的小枣，可以清晰地看到由果胶质和糖组成的缕缕金丝，将金丝取出轻轻地拉，可以拉长到 3～6 厘米且保持不断，如果在阳光下看，可以看到缕缕金丝闪闪金光。

来自北京市门头沟区的王改国家中就保留着金丝小枣枣树。他告诉我们，他家现在只有三口人，只有他自己在种地，管理着金丝小枣枣树以及种一些家里日常食用的瓜果蔬菜类。面积大概有三四亩，由于精力不足，就没有大规模地耕种，每年结下来的枣很多，但是也没有进行售卖，自己家留一部分，大部分都是拿来送给亲戚们。他所保留下来的这些枣树是老一辈就有的，代代相传，直到如今。老人还说，鲜枣生吃，甜脆爽口；晒干食用，嫩肉温醇，香甜如蜜，风味尤佳；用白酒浸泡后做成醉枣，也颇有风味，可消痰祛火。经过各种加工，还可以制成美味可口的传统甜、黏食品，枣粽子、枣黏糕、枣切糕、枣花糕、龙卷糕、枣锅糕、油炸糕，以及日常吃的腊八糕、腊八粥等，都是他们一家人餐桌上不可或缺的美食。对于他们来说，金丝小枣是童年的记忆。在他们小的时候家里老人就给他们摘枣解馋，在那个贫苦的年代，能吃上糖是一件很难得的事情，所以金丝小枣对于童年时期的他们来说是不可多得的美食。对于王改国来说，他并没有把保留种子当成一件特别伟大的事情，只是跟着老一辈点点滴滴地做，"不忘本"是王改国的人生信条。

王改国老人还跟我们说，金丝小枣枣树十分容易打理，每年只需要定期地浇水，在农用器具方面也没有什么特殊的要求。每年剪掉一些多余的分叉，保证枣树的营养供给就可以收获满树的金丝小枣。到了现在这个富裕的年代，王改国老人吃得饱穿得暖，还经营着自己的三四亩菜园，主要原因是自己种出来的菜吃着放心、吃着绿色，还能帮助自己重温童年的美好记忆。

村子里的其他人大部分都没有保留种植金丝小枣的习惯，他们多数选择了进城务工，家里的耕地就荒废了，或者以村集体为单位承包给了外边儿的企业。

金丝小枣对环境有一定要求，需要选择附近没有污染源，土层深厚、土壤肥沃、排水良好的轻壤至中壤壤土建园。据王改国说，开花期如果遇到温度太高的情况，就会导致授粉不好，那么最终的产量就会大大减少。生活在这片大地上，有时候专业知识的储备多寡并不能作为评价一位农民种植农作物厉害与否的依据，更多的时候这些多年的经验积累，是专业知识所不能匹敌的。

金丝小枣（下排）与其他枣的对比

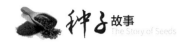

对于金丝小枣的采摘，王改国老人的方法独具一格。大部分种植核桃、枣等果树的人都是等熟透了自动落地，或者在果实稍微生的时候用棍子将果实敲下来。而王改国老人不辞辛苦，年复一年地进行手工采摘。他说一是怕稍生的时候采摘会影响味道，不如在树上熟透的好吃；二是等熟透了自然落地不可避免地会造成一些摔伤，形成坏果。如果售卖的话，自然可以分成不同的成色进行售卖，但是给自家亲戚分的话，还是成色好一点儿才送得出手，所以每年都是等刚好成熟的时候进行手工采摘。

改革开放以前，农民的家里都很困难，常常是吃不饱穿不暖。王改国告诉我们，那个时候就用金丝小枣作为零食哄家里的小孩，因为金丝小枣甜丝丝的，内里金灿灿的也很漂亮。对于小朋友来说，回到家吃上几颗金丝小枣当真就是最幸福的事情了。

甜甜糯糯的金丝小枣对王改国来说就是对老一辈的一种传承，"不忘本"是每一位农民的人生信条。在从小到大生活的这片土地上，有自己种植的金丝小枣，对于自己与祖辈来说，都算是一种交代吧。

种子故事｜交织在土地上的感情：爱与亲情

　　北京市门头沟区的杨翠霞向我们讲述了她与种子的故事。杨翠霞告诉我们，他们所居住的村庄中，在老一辈就拥有着质量极好的花椒树，花椒味道比其他的要浓，与其他花椒的个头和颜色也不一样。"这种味道也许别人尝不出来，但我能吃出来。"杨翠霞这样说。杨翠霞还说她家种植花椒的历史悠久，足有二三十年了。也许是因为从小到大一直在吃这种花椒，对于杨翠霞来说这种味道是独一无二的。杨翠霞说她家现在有五口人，只有她和老伴儿两个人还在种植花椒，规模还算可以，有七八亩地。地里除了花椒，还有樱桃以及高粱，每年花椒的产量都十分多，又因为这种花椒味道比较独特，有些人家是可以尝出来这种特殊香味的，所以也在零售。将摘下来的花椒在太阳底下暴晒，晒干后杨翠霞会前往区里的早市摆摊儿售卖。杨翠霞说她也没有卖得很贵，权当是给自己找个事儿干，不然老在家里闲得无聊。她还说道：花椒这东西全身是宝贝，存放的粮食被蛀了，用布包上几十粒花椒放进去，虫就会自己跑走或死去；在油脂中放入适量的花椒末，就可以防止油脂变杂味；油炸食物时，如果油热到沸点，就会从锅里溢出，但如果放入几粒花椒，沸油就会立即消落；如果是冷热食物引起的牙痛，把一粒花椒放在患痛的牙上，痛感就会慢慢消失。

　　杨翠霞家还种植了一些小樱桃，又叫中国樱桃（中华樱桃），樱桃属于蔷薇科落叶乔木果树。樱桃成熟时颜色鲜红，玲珑剔透，味美形娇，营养丰富，医疗保健价值颇高，又有"含桃"的别称。杨翠霞可是细心捕

捉的好手，她观察到有时候小鸟会叼起种子或果子，在飞行途中如果种子或果子掉落，并且正好碰上适宜的生长环境，种子也会发芽，长出新的植株，可见小樱桃生命力顽强。但小樱桃对土地与气候的要求极高，导致附近只有他们村子与隔壁村子还有小规模的种植。

中华小樱桃

　　热情的杨翠霞还讲述了关于高粱种子的故事。令她印象深刻的是，以前她的先生积极配合村中工作，上山刨路，一方面为了工人检查高压线方便，同时也为上山开辟道路。在刨路的过程中，她先生发现了高粱种子，便带回了家。夫妻二人出于对种子的热爱，通过不断地尝试播种，终于成功种植出了高粱，一种就是二十几年，到现在全村也只有她们家有那一片高粱地。自家种的高粱不多，所以收割起来也较为简单。杨翠霞告诉我们：这种自家种的高粱，跟外头买的品种味道就是不一样，有一种属于它自己的独特芬芳。志同道合的两人相守几十年，感情也化作热情，共同播撒在乡间田野的小路上。

关于为什么会还在种植高粱与花椒等作物，杨翠霞讲述了一个动人的故事。孙子出生后，就一直跟着爷爷奶奶生活，经常品尝到这些美味的食物，孙子对这些童年美食的味道有着很深的情感。如今孙子长大了，依旧想要尝试那些作物制作的美食，孩子爷爷为了孙辈能吃上这些美味佳肴，便年年亲自耕种，待到作物成熟，做给孩子吃。都说隔辈亲，果真爷爷奶奶疼孙子，为了孩子的一张笑脸，付出多少汗水与辛勤的劳作也毫无怨言。

毛樱桃

种子故事 | 代代相传：土地上的童年

从一开始的懵懵懂懂，到现在的轻车熟路，高全国为农业奉献了自己的炙热青春。也许就是这样的一种热爱，让小小的梦想生根、发芽、开花、结果。

北京市门头沟区的高全国自小就在村中从事农业相关工作，上学时，他们会自发地分成几个小组，一个前辈作为师傅，带着三四个徒弟。每到周六、日休息的时候，就由师傅带领大家一起学习如何犁地、播种、秋收等。那时候的人们无论年龄大小，都会有下地耕种的习惯。小时候经济条件不好，吃不饱是常有的事情，所以下地干活儿，有时候也是一种奖励。高全国说："去地里干活儿能吃饱，种的京白梨、马牙枣就随便摘着吃，当饭吃。"对于高全国来说，这种味道也是童年的味道。直到现在，高全国每次吃京白梨和马牙枣时，儿时的记忆都会萦绕在心头。

京白梨与马牙枣果树生长的时间很长，果树生长状态好，长的果实又大又甜。麻雀等鸟类也十分喜欢这种甜甜的果实，争相掠夺，有时候也不失为一种别样的风景。对于小朋友来说，吃着京白梨和马牙枣，看着鸟儿在果园上空相互追逐也是童年记忆的一部分。但是高全国也提到，因为果树结果时会有不少鸟儿来吃果子，也会导致产量减少，所以不能够一味地放任小鸟在果园中"横行"。

一整年的时间里，高全国都在地里忙碌着，春天忙着给树木松土、打药，夏天忙着疏果，秋天果实收获以后就开始进行剪枝。一年中几乎没有一天不是忙碌的，尤其是八月份最忙的时候，果实长成需要尽快采摘，否则将会烂在地里，一年的努力都会白费。

马牙枣

当问到果园的种植面积时，高全国说道："其实以前这个果园是一个祖产，2008 年以后政府要求植树造林，有一个叫小流域的工程，我们就将原先的两百多亩地扩到了目前的三百多亩地。"正是由于政策的导向，进一步将果园面积扩大，使京白梨和马牙枣的产量也比之前有了大幅度提升。换个角度想，这一政策也让果园里的京白梨和马牙枣更好地保留了下来。

还有一件事儿让高全国感到十分高兴，那就是果园的灌溉问题解决了。之前由于技术不发达，果园果树的灌溉完全靠老天爷下的那几场雨。随着科技的发展，现在果园的灌溉再也不是单纯地依靠雨季稀薄的雨水了。果园中现在有专门的水泵，只要打开水泵随时就可以将水引入果园中。这一变化使得果园中京白梨和马牙枣能够得到充足的水源，果实更加优质。

但是果园中也存在着一些小问题，京白梨和马牙枣的果实都十分优

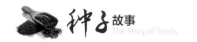

质，果实甘甜、清脆，吸引了许多城里人前来采摘。以往果实成熟的季节都会有城里的人不远上百里来果园采摘果实，园中的果实也延续着传统的售卖方式：果实成熟以后，由村委派人专门到马路边进行售卖。这种传统的售卖方式亟须升级，京白梨和马牙枣如何让更多人熟知，未来果园该如何发展是目前最急需解决的问题。高全国相信，只要自己好好地守护果园中的京白梨和马牙枣，让更多的人了解到在门头沟有品质优良的京白梨和马牙枣，京白梨和马牙枣走出这片果园就只是时间的问题，未来果园的发展将会越来越好。

高全国还提到，现在的孩子们除了保留前辈种植的果树之外，也会根据不同时期以及不同种植环境去选取其他适合种植的作物品种。现在孩子们做的和他曾经做的事情是一样的，在未来的某一天回想起来也是弥足珍贵的。

种子故事 | 新时代接力棒：经验与创新

提起葫芦，大家首先想到的都是那种可以拿在手中把玩的或者是可供人欣赏的葫芦。但还有一种葫芦与上述葫芦大不相同，生活在门头沟区的马之红家中就有这种特殊的葫芦。这种葫芦以食用为主，吃法多样，既可以作为蔬菜炖肉增香，也可以用来作为水饺的馅料。用新鲜的葫芦包饺子、烙饸子，这便是农村最"硬"的伙食。葫芦水分大，做馅时容易出汤，葫芦的汁水都是原汁原味，很多营养成分在里面，所以要将化开的荤油（猪油）趁热浇上、拌匀，将剁细的葫芦馅用油脂罩住，等包馅前再撒入盐、调入酱油。这样做出来的葫芦馅面食，或煮，或蒸，或烙，不失营养，不散其味，吃进嘴里汁鲜味美。对于生活在城市里的人们来说，这可真是一种闻所未闻的新奇做法，光听说这个做法就会觉得香气扑鼻，心里面对食物的原始渴望瞬间被勾了出来。在电话中听到马之红老人的描述以后，真想能够快点去马之红老人的家中尝尝这一美食。

马之红老人告诉我们，她依然像往年一样种了四棵葫芦，但是由于气候等原因，果实都结得比较小，这个原因也间接地导致上述美食的产出遭受到了一些"创伤"，这让马之红老人觉得甚是可惜。葫芦是专属于夏天的美食。马之红老人说葫芦的种植时间要把控得极其准确，早了不容易成活，晚了就错过了最佳种植时期。每年清明节后，马之红老人便开始忙碌地种植葫芦，因为清明节以后的温度和湿度基本达到了种植葫芦的气候条件。4月中旬阳畦育苗，到5月上旬，当幼苗长到4片叶时移栽。亦可5月上中旬直接催芽直播。葫芦幼苗长出5至6片叶时定苗。当葫芦蔓长

到 6 至 7 片叶时掐尖。长出次生蔓，每株留 2 至 3 根。次生蔓长到 10 片叶时，长出重生蔓。一根重生蔓留 2 至 3 个瓜，在瓜外 3 至 4 片叶处掐蔓。等到炎炎夏季来临，葫芦就可以随长、随摘、随吃。每次马之红老人在自家院子里面摘葫芦的时候，都会感受到满满的收获的喜悦。在闷热的七八月份，来上一份甘甜又清冽的凉拌葫芦丝，是马之红老人在夏天最清凉的"独家记忆"。这是一种独属于夏天的味道，清新、甘醇，是来自大自然独一份的馈赠。

葫芦

对于葫芦这一夏天特有的美味的追逐，最直接的就是村中几乎家家户户都在家里种葫芦，而且也不会在意细心打理葫芦的琐碎麻烦。由于葫芦产量较低，所以从不对外售卖。马之红老人说每年夏天葫芦收获以后就会送给自己的邻居和孩子们。孩子们每年都能在自己家的餐桌上品尝到这一专属美味，夏季餐桌上那一份凉拌葫芦丝唤醒的是马之红老人和她的孩子们内心独特的记忆。从儿时起，马之红老人每年夏天都会吃葫芦，不只是马之红老人对每年的夏天有所期待，马之红老人的孩子们每年夏天也会早早地期待着这份独特的夏季美味。

从老一辈开始就种葫芦，葫芦的种子也是一代代传下来的，所以葫芦的味道几十年来也从未发生改变，永远都是藏在记忆里的那个味道。种植葫芦仿佛已经成为村子里的一个"传统"，但其实这里面隐含着村民对传统农业的传承以及自己几十年生活习惯的延续。门头沟葫芦种植习惯的延续离不开老一辈的坚持，同样也离不开年轻人的传承。年轻人是传统农业中的新鲜血液，能够为古老的葫芦种植增添新的力量。现在的年轻人是值得相信的一代人，我们不但要在开拓中创新，同时也要在创新中发展。未来是将老一辈的经验与新时代科技相结合的时代，相信会有更多的年轻人站在农业的领域，继续发光发热，在传承中创新，不惧艰难困苦，砥砺前行！

通州区

种子故事 | 走走停停：对土地不变的忠诚

　　从河北到北京，走走停停又走走，最终选择一个地方扎根，但有些热爱是永远不会因距离而消磨的。

　　在河北老家的时候，胡志平就对种子的播种有一定的了解。在老家时就有保存种子的习惯，扎根北京，胡志平依然坚持。村里种植农作物的人已经很少了，大部分人都进城务工或者开农家院来维持生计，加上野菜是很难辨认的，村里大部分人并不能意识到野菜的食用价值。但对于胡志平来说，却是再熟悉不过的。不仅是野菜的名字，就连野菜的生长周期胡志平也很了解。他表示，有的野菜一年长两次，夏季因天气炎热，叶子就干了，到了秋天还能再生长出来。但是可食用的野菜的种类较少，生长得也很慢，周期不长，产量不高，菜很小很密，不好进行收割。因此，这些野菜的欣赏功能大于它的食用功能。绿油油地连成一大片，随风轻摇，沙沙作响，阳光透过树叶缝隙洒在野菜丛中，交相辉映，闪烁着点点光芒。在众多野菜中，最受一家人喜欢的就是苦苣了，它的嫩叶可食，可生食凉拌，也可煮食或做汤。

　　苦苣味感甘中略带苦，颜色碧绿，可炒食或凉拌，是清热去火的美食佳品，也有抗菌、解热、消炎、明目等作用。因有清热解暑之功效，受到广泛的好评。老人还说，苦苣是最好分辨的，因为长得很独特，并且生长范围比较广，大多生于山坡或山谷林缘、林下或平地田间、空旷处或近水处。

苦苣

　　在众多作物中，胡老说他感情最深的便是几棵香椿树，这是他父亲那一辈人留下的东西，既承载着父辈们的心血，又承载着自己记忆中的美好。胡老回忆道：在很小很小的时候，自己的故乡闹饥荒，于是就在父亲的带领下，逃到了北京，找到了一片土地为生。起初只是依靠山间河边的野菜辅以自己带的干粮为食，后来经过父亲的开垦，家里就有了几亩耕地，种植玉米等一些农作物。再后来生活逐渐稳定，父亲就种了一些拥有高食用价值的作物，例如这几棵香椿树。香椿的食用价值很高，在那个贫瘠的年代，是一家人补充营养的重要食物。后来生活水平逐渐高了起来，再加上父亲去世，就再也没有人特意地去打理这几棵香椿树了。但是在自己家孩子成家立业之后，胡老终于可以放下肩上的重担，他自嘲道，每天都无所事事，又看到了这几棵香椿树，就想到了给家人们的餐桌增添上这道风味独特的美食。久而久之就到了现在，香椿就变成了餐桌上不可或缺的食物，不仅是对父亲的怀念，同时也是对自己过往美好记忆的怀念。

　　胡志平说他家有三口人，只有他自己在种一些作物，时不时给地里浇水、施肥。对于农用器具，胡志平说基本没有变化，还是锄头和耙子等农用器具。地里的大部分野菜都不可食用，或者说太过分散、产量少，只有少部分具有食用价值且生长密集，易于采摘。这些可食用的野菜在春季长出的鲜嫩叶子可以和葱花进行炒制，烹饪成纯天然的美味，吃的就是那一抹野菜独有的香气。这些野菜基本上都是自家食用，因为产量不多，家人们都对野菜有着很深的感情。提到后辈对于野菜的看法，胡志平只是淡淡一笑。他说，因为后代年纪还小，无法更好地掌握种植技术以及进行种子的传承。不过，胡志平表示自己在未来还是会继续种植农作物的，会将这么多年来的种植习惯传承下去。不仅是野菜，还有白桑、紫桑、杏、香椿、野生海棠红、君迁子。他还打算以后开办一个香椿园，开展自助采摘活动，一方面是香椿具有很高的食用价值，很受城里人欢迎，能够有效地健脾开胃、去油解腻；另一方面，北京近郊的香椿种植园都有不错的客流量。这对胡老来说，不仅能为家庭带来一定程度的收入，也能满足他个人对农业种植的兴趣，对于他来说这也是乡间田野之中一种独属于自己的乐趣吧。

香椿

种子故事 | 高高的篱笆承载着世代美味

　　是对美食的热爱，也是对种子的期待，春种秋收就是农民一直的盼望。看着一粒小小的种子逐渐生根、发芽、结果，最终成为饭桌上的一道道美食，让人们不禁赞叹生命的可贵与神秘。

　　从小在农村长大的黄桂清对种子的记忆有很多很多。他说，几乎每位农民的家中都会保留许多种子。种子变成果实，果实成熟后又变成了种子，更新迭代，循环发展，生生不息，以至于村民们也会习惯地保留下许多作物种子。黄桂清告诉我们，她家五口人，只有她自己在种地，说起种地的历史，就十分悠久了。最开始的时候都是以种地为生，每年靠种粮食养活一大家子人。后来经济条件好了，儿女们也都上班儿了，生活就不再依靠种地了，依旧保留种一些菜的习惯，在自己家的几分地里，种着紫山扁豆以及一些日常食用的瓜果蔬菜，绿色健康，其实更多的是为自己枯燥的生活找个乐子。

　　黄桂清告诉我们，紫山扁豆也称"山扁豆""紫扁豆"，各家各户几乎都会在自家院子中种植。借用篱笆的支撑，扁豆藤可以顺着篱笆爬起生长。待到扁豆成熟时，村民们会进行采摘，摘后自家进行处理，使其变成美味的家常菜肴。

　　紫山扁豆的营养成分跟普通的扁豆相差不大，但是在其他方面都明显优于普通的扁豆。我们所熟知的豆角如果没有充分煮熟会遗留毒性，严重的还会食物中毒，危及生命。但经黄桂清介绍，紫山扁豆毒性没有那么大，不会像寻常豆角那般，但村民们在进行菜肴烹饪时也要将其放入滚烫

150

的沸水中焯水，才会继续进行美食制作。此外，紫山扁豆是一种维生素含量很高的特色食材，特别是维生素 B 的含量最高，另外维生素 A 与维生素 C 的含量也不低，人们食用紫山扁豆能补充身体对多种维生素的需要。此外，紫山扁豆的膳食纤维含量很高，它们是人体肠道的天然清道夫，进入人体以后能清除人体内积存的多种毒素和肠道中的多余垃圾，对缓解便秘和清理身体内部毒素有很明显的作用。比较常见的家常紫山扁豆的烹饪方法就是把它腌成咸菜。在过去贫穷的年代里，家家户户的经济水平都不高，营养元素比较单一，大多都是玉米、土豆、白薯等，辅以这些主食的基本上都是咸菜。咸菜是那个年代家家户户必备的，是每顿饭必有的下饭神器。村民们将紫山扁豆焯水去掉毒性，之后再放入坛中进行腌制，这样一道独特的美味佳肴就制成了，为平淡无味的生活增添了许多滋味。现在，或是放入鸡蛋或是放入肉类进行炒制，虽是家常做法但也可烹饪成极香的美味，就连家里的孩子们也都十分喜欢以紫山扁豆为基础食材进行烹饪的家常菜。对于黄桂清来说，紫山扁豆不仅承载着他的童年，也承载着自己家孩子们的童年，所以这么多年来他依旧坚持种紫山扁豆。或许多年以后，也有一群这样的孩子长成大人，学着黄桂清的样子思念着紫山扁豆的美味，也在一片片土地上种下紫山扁豆。

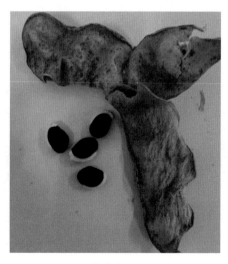

紫山扁豆

种子故事 | 村中纯粹：古庙下与果树旁

    古庙承载着尘封的记忆，对于当地人来说是神圣的，也是庄重的。生长在古庙旁的果树与庄严肃穆的古庙有着难解的缘分，这种情怀根植于当地人的心中。

杏

　　北京市通州区的宋淑珍告诉我们，村中有座古庙，有着悠久的历史，村委会便将这座古庙作为重点保护对象，种植在古庙附近的杏树、桑葚树、杜梨树与胡桃树也得以保留。说不清到底是古庙在庇佑果树，还是果树的香甜滋润着古庙。总之，这是一种深厚的缘分。宋淑珍还跟我们说，她家有五口人，基本都参与种地。家里有五六亩地，种植了许多果树，有杏树、桑树、杜梨树、胡桃树等。每年到丰收的季节，都忙不过来，实在是大丰收的年头，还会开展自助采摘活动。经过自家孩子的宣传，许许多多的人都会到她家的地里进行采摘，能够带来一笔可观的收入。基本每年收获的水果、干果都吃不完，于是他们就会进行一些简单的售卖，例如在早市或者闹市街头摆摊。一方面，可以打发自己的无聊时光，和集市上的人聊聊天；另一方面，也可以通过售卖这些水果、干果为家里增加一些经济收入。虽然每斤的价格不高，但是家里种植的面积大，产出的总量多，售卖所得也是一笔不小的收入。

桑树

因种植的时间很长，这些树木都生长得非常好，树干粗壮、枝繁叶茂，结出来的果实也非常香甜饱满。村民们待到果实成熟时，便会进行合理的采摘，在保留果树原本生长状态的前提下进行果实的摘取，必要的果实摘取工作也有利于果树更好地吸收营养，促进其平稳生长。对于这些果树的种植历史，黄淑珍告诉我们时间很悠久。在以前物质贫乏的年代，每家的耕地都十分稀少，大多都是无人问津的荒地野地，没有人开荒，自然而然食物就很短缺，种植杏等水果就显得很奢侈，所以大多时候都是采摘山间的野杏树。老人回忆起那个年代说道，大多时候都是吃一些玉米、白薯等，能吃到一口水果是很奢侈的事情，甜滋滋的味道如今时而还会涌上心头。在那个物资匮乏的年代，这些水果是调剂生活的绝佳品。后来虽然物质生活水平提升了，能够买得起各种各样的水果了，杏子变得俗气起来，但是村民们也一直保留着种这些果树的习惯，并且大家不分彼此，互帮互助，每年打药，收获的时候是大家最开心的时候。现在对于这些果树的种植更多的是乐趣，是对自己年轻时期的追忆。在这些水果中，宋淑珍老人感情最深的就是桑葚，她说道：在自己孙子小的时候，自己的孩子们都忙于事业，并没有太多的时间照顾孙子，于是她就肩负起了这个重任。她经常会带着孙子上山游玩，欣赏大自然的美丽景色。孙子最爱吃的就是山上的野桑葚，后来她也就种植了一些，如今孙子也已经长大成人了。看着这些自己亲手种植的桑葚，依稀还能看到那个孩童的身影浮现在自己的面前，跌跌撞撞地奔跑着，自己则在后边儿亦步亦趋地跟着，嘴里念叨着"慢一些，慢一些，我追不上了"。这对于宋淑珍老人来说，是再美好不过的时光。

杜梨是村民最喜爱的水果之一，他们会选择成熟的杜梨洗干净直接食用，营养价值很高，可以有效地补充多种营养物质。又或者取适量杜梨，洗净后将杜梨放入榨汁杯中，加入适量的水，榨成果汁饮用，鲜榨的杜梨汁味道酸甜，含有丰富的维生素和矿物质。剩余的杜梨便会选择做成果酱。先将杜梨用料理机打碎，不要加水，再加入蜂蜜或白糖搅拌即可食用，也可以淋在其他菜肴上或甜品上做调料，是村民们餐桌上不可多得的美食之一。

　　每年对果树的打理，或是对果实的采摘，都是全村一起进行的。对于村民来说，是一种丰收的喜悦，也是交流感情的保留节目。在村庄人与人之间的感情相比于城市中的人们更加深厚，可能就是一棵一棵果树的种植，一颗一颗果实的采摘，你帮我、我帮你，不计较回报，不计较得失，这样你来我往，这是人与人之间最纯粹的情感。同样，每年收获到的水果也都是村民们一起食用，大家仿佛一家人一样，并没有分得那么清楚。

杜梨

密云区

种子故事 | 小时候的那一碗红高粱"炒面"

今天，我们的故事要从北京市密云区的一个小村子说起。该村村域总面积约为 8.37 平方千米，山场面积 1 万多亩，耕地 1200 亩，交通便利，这为村子的通行与经济发展创造了良好的条件。作为国道边的一个村，其以塑造经济发展、环境优美、社会和谐稳定的良好形象为目标，以创建文明村为总抓手，以农民增收为中心，围绕党委、政府的工作部署，推动各项工作的顺利开展，文明村创建工作取得了明显成效。村里大力加强生态环境建设，硬化街道、安装路灯，方便了村民出行；对全村的自来水进行改造，安装净化装置、水表等设备，使村民喝上了安全、卫生的水；全村进行无害化改厕，并推广使用太阳能、节能吊炕等清洁能源；为丰富村民的业余文化生活，新建健身公园，并配套健身设施。村民的生活条件得到显著改善，曾被评为市级文明生态村。

我们故事的主人公安国旺，就住在这个安静、祥和且富足的小村子里。清净的山林，鸟语花香，林深静游，心旷神怡，此景虽美，可年过半百的安国旺却耐不住性子，一心只想着自己种下的红高粱。说起这红高粱，主要是将高粱籽粒加工成高粱米食用。食用方法主要是为炊饭或磨制成粉后再做成其他各种食品，比如面条、面鱼、面卷、煎饼、蒸糕、黏糕等。除食用外，高粱还可制淀粉、制糖、酿酒和制酒精等。除了上述广为人知的食用价值，红高粱也有药用价值。其主要具有降血糖、止泻、促进消化的功效。因此，深谙此道的安国旺每每收割完新一季的红高粱后并不急于在市场上出售，而是将高粱粒脱下来，再晒干，去壳并浸泡，最后加

工成高粱面。

一说到红高粱的吃法，安国旺便打开了话匣子。他说，记得小的时候家里把高粱磨成红面粉，有时蒸红窝头吃，有时水拌红汤喝。有时想改一改口味，就往高粱面里搅入一些榆皮面，再加少许蒿籽，用饸饹床压成红面条。高粱的吃法很多，村里有些人家把高粱炒熟后，再磨成红面，或干吃，或拌水吃。本地人把这种炒熟的红高粱面称为"炒面"，这样吃起来方便，就像如今商店里卖的各种"方便面"一样。也不知几时，红高粱"炒面"的内容变了。城里人把白面条煮熟后加上香油，用调料炒过叫"炒面"。"炒面"与"炒面"不一样，质有别，味道亦有别。虽然现在的生活条件比起从前的艰苦岁月有了质的飞跃，家家户户都有细粮吃，更不必再为吃饭发愁，但最让安国旺怀念的仍然是小时候的那一碗红高粱"炒面"。

红高粱种子

当说到红高粱的耕作过程时，安国旺做了详细的描述。在红高粱的种植过程中撒籽容易，埋籽亦容易。只是高粱苗出土后锄草费力气，一般锄草技术差的人和不太强壮的人是很难支撑下来的。有经验的庄稼人始终认为，庄稼锄一次草就有一半的收成。锄草不全是为消灭与庄稼争水争肥的杂草，更重要的是为了保墒抗旱。对于种植红高粱的经验，安国旺毫不犹豫地说道："好品种，而这好的品种不仅仅是为一个人用的，我每年都把良种分给大伙儿种。如果周围邻居种子质量差，那杂交传粉后就会使我种的优质高粱不断退化。所以，我种优质高粱，也要让周围的人都种优质高粱。"安国旺所说的自己要好，要让别人也好，别人好了，自己才会更好，这就是所谓的"赠人玫瑰，手有余香"吧。

红高粱

通过上面的种种描述，安国旺对红高粱的情感可见一斑。然而，并非所有的故事都是完美的。即使是对红高粱饱含感情的安国旺，如今也在考虑是否继续种植红高粱的事情了。究其原因，其一，高粱与其他作物相比，营养价值相对差了一些，口感也不好。如今的生活水平相较过去有了很大程度的提升，这就使得现在的人们很少食用它，一般只能做饲料，或者用来酿酒。其二，高粱产量低、价格也低。我国高粱产量一般是一亩地 700 斤左右，按照一斤 2 元计算的话，一亩地的毛收益也就在 1400 元左右。其三，红高粱割起来特别费劲，虽然现在都实行了机械化，但因为高粱面积不大，只能靠人工收割，既费时又费力。《松花江上》这首歌中有这么一句："那里有森林煤矿，还有那满山遍野的大豆高粱"，曾经有着

"高粱黄黑，十年九得"之说的高粱，不仅作为华北农民的"救命粮"，还是酿造老陈醋的最佳原料，且高粱的箭秆可以穿盖帘。就是这样一种用途多样的农作物到如今却很少有人种植，这样的结局不免令人有些唏嘘。

红高粱作为一种早在新石器时代我国就已经在种植的作物，时至今日已鲜有人种植，但它就像是一面镜子，见证着一代代王朝的更迭，见证着一代代居民饮食结构的变化。高粱的种植面积越来越少确实令人遗憾，但我们更应看到曾经作为百姓主食的高粱已经被口感更好、营养价值更高的小麦、水稻等粮食作物代替的积极一面——我国粮食供给结构不断优化，且满足了食物消费新需求。正是因为有袁隆平、李振声、李登海这样的科学家几十年来，始终在农业科研第一线辛勤耕耘、不懈探索，解决中国人民的温饱问题和保障国家粮食安全的重大任务才有了突破性进展，并创造了用全球 7% 的耕地养活占全球近 20% 的人口的奇迹，实现了由"吃不饱"到"吃得饱"并且"吃得好"的历史性转变。

红高粱

红高粱虽已不再是我国主要粮食作物，但在它被代替的背后，更是一个永恒的真理：粮食事关国运民生，粮食安全是国家安全的重要基础。

种子故事 | 将老种子传承下去

　　北京市密云区的高广信讲述了自己与黏高粱、黏黍子和红小豆的故事。高广信年轻的时候非常喜欢种地，家里有很多地，那时他就将各种不同的品种进行杂交，研究新品种。高广信在研究新品种的同时，也不忘记将老品种留下来。现如今高广信上了年纪，就将自己留下来的种子分给街坊去种植，还叮嘱他们千万不要弄丢了，这都是财富。

　　高广信说，尽管现在市面上有各种各样的新品种，但是他喜欢的还是老味道，还是老味道吃着香。他还说要尽可能地保护老种子，而这不仅仅是他一个人的事。他也希望我们能够号召更多的人去响应国家的号召，去保护老种子。高广信给我们简单地介绍了以下三种种子。

黏高粱种子

首先给我们介绍了黏高粱。黏高粱是禾本科、高粱属。黏高粱米的功效与作用有和胃、消积、温中、涩肠胃、止霍乱、凉血解毒，主治脾虚湿困、消化不良及湿热下痢、小便不利等症。高粱的尼克酸含量不如玉米多，但却能为人体所吸收，因此，以高粱为主食的地区很少发生"癞皮病"。另外，高粱米里含有单宁，有收敛固脱的功效，慢性腹泻的患者常食高粱米粥，有明显的疗效。高粱有红、白之分；红者又称为酒高粱，主要用于酿酒；白者用于食用，性温，味甘涩。高广信家的黏高粱则是红黏高粱。黏高粱秆可以用来做扫把，黏高粱米可以用来酿酒、煮粥、磨粉、包粽子等。

黏高粱米含有镁元素，可以调节人体心肌活动，促进纤维蛋白的溶解，减少心血管疾病的发生。黏高粱米还含有钙元素，可以促进骨骼和牙齿的生长发育。

其次给我们介绍了黍子。黍子是单子叶禾本科植物，耐干旱，一年生栽培作物，其形态特征与糜子相似，籽实有黄、白、红、紫等颜色。籽粒脱壳即成黍米，呈金黄色，具有黏性，又称黄米、软米。大黄米加入大枣、栗子及各种豆类可以熬成八宝粥。黄米面可制成年糕、豆包、烙成黏饼，和糖一起食用，香甜可口。

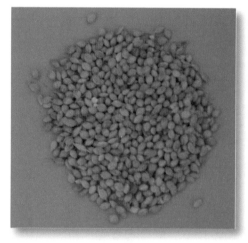

黏黍子种子

黍米可以用来做炸糕、年糕、包粽子等。黍米的蛋白质含量高于大米、面粉等大部分谷类。当然，它的蛋白质中赖氨酸含量较低。黍米中碳水化合物的含量非常高，经过水解能产生大量还原糖，可制造糖浆、麦芽糖；黍子籽粒外层皮壳有褐（黑）红、白、黄、灰等多种颜色，经过化学处理可提取各种色素，是食品工业中天然的色素添加剂；黍子还是酿酒的好原料，用黍子酿酒，出酒多且酒味香醇。黍子的铁、锌、钾、维生素 B_1 的含量是我们常吃的白米、白面的好几倍。

高广信每年都会用黄米面蒸年糕，把黍子研磨成黍子面粉，经过蒸，可以做成北方人习惯吃的"黄糕"。也可以把甜红薯和大黄米掺和在一起，红薯香甜，大黄米软糯，无须加糖，黄灿灿、香喷喷，有着"一年比一年好"的寓意。

最后给我们介绍了红小豆。红小豆，又名"赤小豆"。红小豆为豆科一年生草本植物，具有利水消肿、解毒排脓等功效。可用于治疗水肿胀满、脚气浮肿、黄疸尿赤、风湿热痹、痈肿疮毒、肠痈腹痛等。红小豆富含淀粉，因此又被人们称为"饭豆"，曾被李时珍称为"心之谷"。

红小豆种子

红小豆可整粒食用，一般用于煮饭、煮粥、做赤豆汤或冰棍、雪糕之类，做的菜肴有"红豆排骨汤"等。由于红小豆淀粉含量较高，蒸后呈粉沙性，而且有独特的香气，故常用来做豆沙馅料。红小豆还可发制赤豆芽，食用方法同绿豆芽。

种子故事 | 留住老味道

　　北京市密云区的李庆友讲述了他与磨扇倭瓜种子的故事。李庆友先生1978 年到北京，1980 年被分到中国农业科学院，后来又到北京市农林科学院工作，一直干到退休。李庆友见证了种子的改良和创新，但是他说，他还是喜欢老种子的味道。

　　李庆友先生家的磨扇倭瓜是个老品种。李老先生介绍倭瓜通常是 4 月中旬播种，种下之后定时给其除草除虫。倭瓜属于爬藤类植物，大约长到 1 米长的时候，给倭瓜压藤。到 5 月底，倭瓜秧就开始结果，这期间多浇水、多除草、适当施肥。大约到 6 月份，就可以摘嫩倭瓜吃了，嫩倭瓜可以炒着吃，也可以做馅。如果想蒸着吃的话，那么结出来的前两个倭瓜不摘，直到长老，老倭瓜就可以蒸着吃，又香又甜。9 月中旬，倭瓜就拉秧了，要想再吃到好吃的倭瓜就得等到来年了。

　　2020 年，李庆友先生退休之后开始自己种地，闺女和儿子都忙，只有李先生自己种。起初两亩地，只种了玉米，因为天气太旱，产量并不是很高，所以第二年种了花生、黏高粱和倭瓜。第一次种的倭瓜，李先生觉得还挺好吃，此后就年年种倭瓜了。有时因为气候太旱，倭瓜产量也并不高。李先生所种的倭瓜都是自己吃，并不出售，一是因为岁数大了没有精力了，二是因为没有那么多地。

　　磨扇倭瓜嫩的时候，果皮呈墨绿色，完全成熟后变为红褐色，有浅黄色条纹，被蜡粉。果肉橙黄色，含水分少，味甜质面，瓤少肉多。一棵秧可长 7 到 8 个倭瓜。倭瓜含有维生素和果胶，果胶有很好的吸附性，能黏结和消除体内毒素和其他有害物质，如重金属，起到解毒作用。倭瓜的做法多种多样，可以蒸着吃、炒着吃、炸着吃，不管怎么吃，都很美味。倭瓜子也可以食用，百姓们常常将成熟的倭瓜子炒熟，当成零食来食用。

李庆友先生向我们介绍了一种倭瓜的家常做法，那就是炒倭瓜：先将倭瓜洗净，然后将其切片或者切丝，再将蒜切成末，辣椒剁碎，接着在锅中放油少许，放入蒜末，等闻到蒜香味时放辣椒，清炒之后放入倭瓜，快炒后加入生抽、适量的盐，再加少量的水，爆炒一下就可以出锅啦。这样一道简单、美味、绿色、无污染的爆炒倭瓜就做好了。李老先生说，这道菜是他们家秋天必吃的一道菜，时令、清口又美味。忙碌了一天，如果晚上没有吃到这道菜，就感觉不到秋天丰收的喜悦。

磨扇倭瓜

倭瓜叶也有用途，它有治疗刀伤的作用。大家平时可以把倭瓜叶晒干，制成粉末存放起来。在生活中碰到不太严重的刀伤时，可以直接取出倭瓜叶的粉末撒在伤口上，能起到止血和止疼的作用。倭瓜叶还有治疗幼儿疳积的作用，如果小孩出现了疳积病症，可以用倭瓜叶 500 克和腥豆叶

250 克一起晒干制成粉末，然后每次取出 25 克与猪肝同时蒸，然后让孩子食用，治疗疳积的效果特别好。倭瓜有治疗痢疾的作用，特别是对于风火引起的下痢有出色功效。具体做法是把十片左右的倭瓜叶去掉叶柄，然后加水煎制，煎好后加入少量的食盐，然后饮用，连用五到六次，痢疾就会缓解甚至痊愈。

倭瓜，据说是北方人的叫法，实际就是"南瓜"。倭瓜传入中国有多条路径，但以广东、福建、浙江为最早。初期误以为南瓜来自日本，故名之"倭瓜"，因日本在中国之东，所以又称倭瓜为"东瓜"。还有人误以为产自朝鲜半岛，名之"高丽瓜"。而日本人则以为南瓜来自中国，所以称它为"唐茄子"（当时日本人将中国产品概称为唐物）。到了清代中后期，中国南方南瓜沿大运河向北移栽，特别是山东，成了北方南瓜种植大省，人们开始意识到此瓜应自南来，"南瓜"之称开始流行。

大家听了李庆友先生的介绍，是不是对倭瓜又有了不一样的认识呢？

种子故事 | 自己种的，吃着放心

　　北京市密云区的郑淑雅讲述了自家农作物自给自足的故事。郑淑雅所居住的村子人勤物丰，风景秀丽，种出来的农作物口感和市面上卖的大有区别，像谷子、高粱、糜子等。郑淑雅家的小院也种植了多种蔬菜，像窝家菜、紫苏、葫芦、瓠子等。郑淑雅平时都不用出去买菜，自己家种的都吃不完，而且吃着还放心。

白高粱

高粱，一年生草本，秆较粗壮，直立，是喜温作物，抗旱、抗涝、耐盐碱、耐瘠薄，根系发达。郑淑雅家的高粱有两个品种，大白米高粱和红黏高粱。每年秋季，郑淑雅采收成熟的高粱，在晒谷场晒干除去皮壳，然后再将高粱籽粒加工成高粱米。主要的食用方法是为炊饭或磨制成粉后再做成其他各种食品，比如面条、面鱼、面卷、煎饼、蒸糕、年糕等。除食用外，高粱还可制淀粉、制糖、酿酒和制酒精等。

相传，发明高粱酒的人名叫杜康。有一种说法是，在他当粮仓主管时，偶然把高粱米饭放在树洞中，时间久了，发酵成了酒。所以开始名叫"久"，后来才有"酒"字，增加了"酒"的历史典故。

紫苏是郑淑雅小院里的一种植物，高 60～180 厘米，有特异芳香。茎四棱形，紫色、绿紫色或绿色。紫苏的适应性很强，房前屋后、沟边地边、果树幼林下均能栽种。紫苏每年 4 月初种下，大约 9 月底收获，为一年生植物，在此期间只需要松松土、浇浇水就可以了。郑淑雅从 2008 年开始种植紫苏，只为了自己吃，从来没有售卖过，所以没有成规模地种植。她家每年紫苏的产量 5～10 斤，影响产量的因素主要是天气，雨水多产量就高。从 1995 年郑淑雅刚嫁过来时就开始种地，那时主要种谷子、高粱、黍子、糜子、白薯等作物。2014 年以后水地不让种植了，只能种旱地，所以现在只剩下 7 亩地左右。郑淑雅家的劳动力主要是老两口，再细化一下主要是郑淑雅，郑淑雅老公是位渔民，孩子们偶尔也会回家来帮助老两口干干重活。紫苏主要用于药用、油用、香料、食用等方面，其叶（苏叶）、梗（苏梗）、果（苏子）均可入药，嫩叶可生食卷肉、作汤等，茎叶可腌渍成小菜食用。

关于紫苏有这样一则民间传说：相传，华佗带着徒弟到镇上一个酒铺里饮酒。只见几个少年在比赛吃螃蟹。华佗好心相劝说螃蟹性寒，吃多了会生病，但那几个少年不听华佗的良言，还是照吃不误。过了一个时辰，这几个少年都腹痛难忍，急忙交代店家找大夫。华佗和徒弟见此情况，说道："不用找大夫，我就是大夫，等我一会儿，去去就回。"很快，华佗和徒弟从洼地里采回一把紫草叶，请酒店老板熬了几碗汤，叫少年们服下。

不一会儿，他们的肚子都不疼了。他们很高兴，再三向华佗表示感谢，回去以后到处向人们讲华佗医道如何高明。此后，华佗把紫草的茎叶制成丸散。给人治病的过程中，又发现这种药还具有表散功能，可以益脾、宣肺、利气、化痰、止咳。

紫苏种子

瓠子、葫芦都是郑淑雅家小院高产的蔬菜，瓠子是葫芦的一种变种。郑淑雅小院里的瓠子初为绿色，后变白色至带黄色，果肉白色，长可达60～80厘米，由于形状像牛腿，所以起名为牛腿瓠子。瓠子具有较高的食用价值和经济价值。嫩瓜肉质柔嫩细腻，营养丰富，既可食用，又可脱水加工。

牛腿瓠子种子

葫芦是世界上最古老的作物之一，是爬藤植物，一年生攀缘草本，有软毛，夏秋开白色花，雌雄同株。葫芦喜欢温暖、避风的环境，种植时需要很大的地方。葫芦作为蔬菜食用，而且吃法多种多样，既可烧汤，又可做菜，既能腌制，也能干晒。烧汤清香四溢，其味鲜美。与其他蔬菜不同的是，不论葫芦还是它的叶子，都要在嫩时食用，成熟后便失去了食用价值。

长把葫芦

郑淑雅非常喜欢葫芦，因为它爱生长，能蔓延，多果实。她说这一特色，恰恰与人类原始的母性崇拜和希望子孙繁衍的愿望相结合。借物抒情，于是产生了对葫芦的钟爱和崇拜。在她心中，葫芦是增寿、除邪、保福的吉祥物。

种子故事 | 密云不老屯的黑豆

密云区地处燕山南麓，华北平原北缘，是华北平原与内蒙古高原过渡地带。为华北地区至东北、内蒙古地区的交通要道，战略地位十分重要，自古为兵家必争之地，有"京师锁钥"之称。本篇故事所介绍的种子的所在地就位于密云区，村子地表麦饭石储量大，矿泉水丰富优质，植被发育好，林木覆盖率74%以上，空气清新，负氧离子含量高，全境都在密云水库水源保护区内。北部是绵延的燕山山脉，南部紧邻浩瀚的密云水库，依山傍水，风景秀丽。地表水充沛，达到国家二级饮水标准，具有独特的生态环境优势。

该村距密云城区65千米，村域总面积为13.2平方千米，交通便利，村内自然风景优美，矿产资源丰富。

黑豆全株

　　该村有着未经改造的自然景观与洁净的空气，也意味着这里不像其他郊区可以依靠工业致富。为确保水源的安全，这里成了远离市区喧嚣的一处世外桃源。与此同时，大量的青壮年劳动力外迁，也让这片土地蒙上了一片别样的宁静与祥和。

　　美丽的地方，居住着美丽的人们，相较于城市人与人之间的孤立和疏远，这里联结着浓浓的地缘关系。他们不再是从前日出而作、日落而息的刻板的农民印象，而是在其中增加了一些生活的情调。对于有些农民来讲，种地已经不再是他们收入的主要来源。

　　王明军一家在这里生活了大半辈子，大叔年过半百了，在这村庄里土生土长。这里的街坊邻居都熟悉得很，关系亲得像一家人，农忙的时候谁家需要收庄稼，都是互相帮忙的。王明军也是靠着家中这"一亩三分地"完成了从娶媳妇儿到供孩子念书。而如今，这片土地早已不再是他讨生活的法子，而是他坚守家庭饮食健康的最佳阵地。

黑豆花

　　谈起黑豆，王明军像是谈起他的一位老朋友。在他的记忆里，黑豆陪伴他走过了数十载，自打小时候家里就种着这种黝黑发亮的豆子。在种植黑豆方面，王明军可谓村里的半个"专家"。当问到怎么选种时，他略带笑意轻描淡写地说道："那就捡好的、捡长的留呗。"简单的几个字却藏着中国农民的种植智慧。就像中国人烹饪很少说放盐多少克，只说放盐少许一样，经验都是一辈辈口口相传的，技术是藏在眼睛里、深埋在心里而无法量化的。

大粒黑豆种子

王明军说他小的时候，黑豆卖不上价，收获后大多是作为骡子、马的饲料。因为在长期的农耕文明中，人们发现，牲畜食用黑豆后，体壮、有力、抗病能力强，所以以前黑豆主要被用作牲畜饲料，其实这是黑豆的内在营养和保健功效所决定的。那时，人们崇尚白色食品，只有贫者和食不果腹的人才无奈食用黑豆。后来，医者和养生者却发现并总结出黑豆的医疗保健作用。黑豆摇身一变变成了养生的宝贝，再加上王明军坚持不施化肥，绿色种植，他种的黑豆成了自家的养生利器。黑豆中所含的不饱和脂肪酸，可促进胆固醇的代谢，降低血脂，预防心血管疾病。且黑豆的纤维素含量高，可促进肠胃蠕动。黑豆浆不像黄豆浆性冷，喝多了也不会拉肚子，而且还有治疗风湿、抗衰老等效果。黑豆一直被人们视为药食两用的佳品，因为它具有高蛋白、低热量的特性。在黑豆的吃法上，王明军很有发言权，小小黑豆在他的手中能做出十几种花样来，豆腐、豆花、豆浆、黑豆芽都是黑豆的衍生食材。此外黑豆也可以直接蒸杂粮饭、熬粥、煲汤等。加之王明军的绿色种植，自家的黑豆成了有机食品，用自己种的食材烹饪美食，何其幸福，而且让自己的家人吃着安心、健康。

种子故事
The Story of Seeds

　　村里许多户人家都在种黑豆，基本上都是自家留种，种植面积都不大，也从来不施化肥，都是绿色种植。农忙的时候是村民互相帮忙，或者雇人来收。包括王明军在内的村民还种了黄豆、谷子、花生、苞米这些常见的粮食，有的拿到市场去卖，有的留着自己家吃。可不管地里种什么作物，总是要为黑豆留一块儿地。

　　在这片古老而富饶的土地上，长者留下的社会关系的根基始于一粒种子，长出粗壮的枝干和生生不息的枝条，让后代团结于这稳固的基础，世世代代生活在这片土地上，种出充满幸福感的粮食。一家老小，简简单单，其乐融融，这便是那粒种子最初和最后的使命。

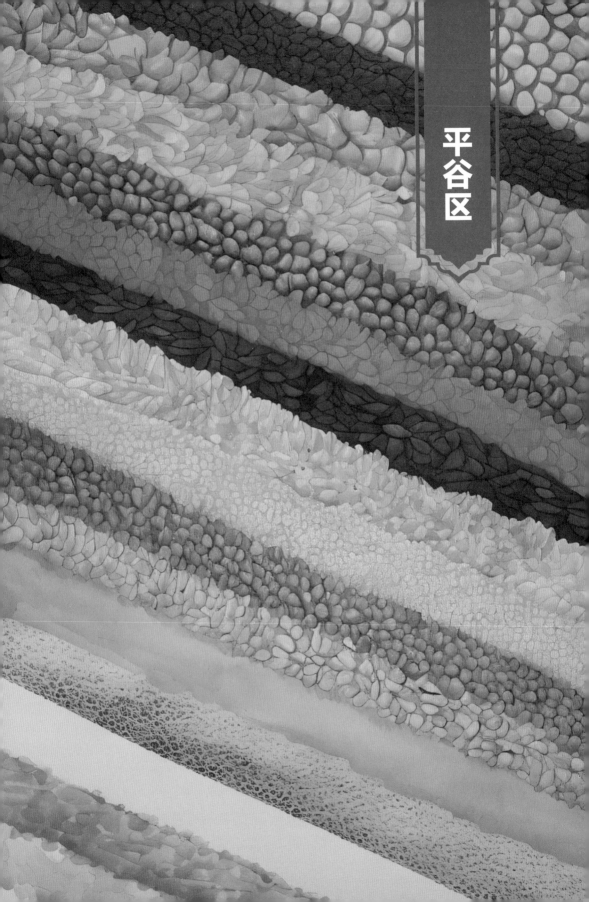

平谷区

种子故事 | 中国红杏第一乡

北京市平谷区的刘成利讲述了享誉各地的北寨红杏的故事。刘成利是土生土长的北京人，在很小的时候就经常和父亲下地摘杏，所以他对红杏有着不一样的亲切感。

刘成利口中的家乡是这样的：村子有着悠久的历史，是冀东革命老区。抗日战争时期，村民充分发挥自己的聪明才智与日军展开游击战，奋力抵御外敌入侵。20 世纪初，在古老的野生林，发现了这一品种。经过近百年的嫁接繁衍，红杏已经发展到了 1 万亩，年产量可达 5 万吨。

相传，不知哪年哪月，也不知哪一阵风将哪里的一颗红杏种子吹落到了村子里的山坡上，从此第一代红杏就在村里扎下了根。经过水土的滋养，种子发生自然芽变，结出的果实与周围的山杏大不相同，甘甜味美。可惜在长达百年的岁月中默默无闻，不被人所知。它的第二代又生长了一百多年，终于被村民发现、种植，开始了传奇历史。1982 年，经过专家嫁接培养，红杏旧貌换新颜，品质更上一层楼，成为名震京城的红杏之王。

又大又圆的红杏的种植过程可不简单。从一月一直到三月都要为杏树修剪树枝、刨地和浇水，四月清明节前后在花期时先给杏树打一遍药，然后施肥。刘成利说，要想收获又大又甜的杏，必须要用牛羊粪才可以。五月一整个月主要是修剪树枝和浇水，到六月中下旬就能收获又大又甜的红杏了，收获期可以一直持续到七月中下旬。等到八九月份，再往树根下施一遍肥，剪剪枝，为来年收获期做好准备。

58 岁的刘成利从 1998 年就开始和妻子种植杏，一直到现在，没有一年间断过。平时实在忙不过来的话会雇人摘杏，孩子们平时没有时间，也就是周末才会回家帮帮忙，主要的劳动力还是刘成利夫妇。刘成利家里一共有 30 亩地，主要种植了核桃、栗子、枣、梨、杏。从 1998 年到 2014 年，杏的种植面积大约 7 亩，2014 年之后因为梨树退化，杏树的面积才一点点扩大起来，现在达到了 20 亩地。早些年，刘成利家除草以及翻土都是人工，因为种植面积比较小，所以人工干活也不费事。但是 2012 年之后，随着种植面积越来越大，人工赶不过来了，所以就引进了除草机和翻地机。杏的产量主要取决于气候的好坏，近两三年因为雨水少，所以产量并没有特别高。关于杏的销售情况，早期是在路边出摊售卖，时间久了客户越来越多，回头客每年都会来，所以销路就这样打开了。现在加上村委会合作社、网上销售等多种销售形式，红杏"一路走红"。

老杏树

刘成利介绍说，他家种植出来的红杏果大形圆，平均每个果重可以达到 40 克，最大的可以达到 110 克；果实色泽艳丽，皮薄肉厚，果皮底色橙黄，黄里透红，阳面有紫色斑点。而且杏的营养丰富，富含维生素、胡萝卜素、氨基酸、果糖、果酸、蛋白质、钙、磷、钾等多种营养成分。

红杏，除鲜食外，可制成杏脯、蜜饯、果酱、果酒、果醋等，都是很好的健康食品。红杏仁既是滋补良品，又是珍奇的美食。把它加糖炒酥，放盘里置于酒席上，是一道气味清爽的佳肴；把它磨成粉、制作成饮料或加工成"杏仁霜"，可谓儿童和老人的最佳滋补品。甜杏仁和冻粉搅拌制成的"杏仁豆腐"，是夏季不可多得的清凉美肴。杏是心之果，有心脏病的人宜多食用。特别是老人，经常吃杏仁，会让人老而健壮，心力不倦，并能滋阴生津、宽中下气、软化血管等，实属滋补良药。实热体质的人多食杏容易发热，会加重口干舌燥、便秘等上火症状。杏仁有甜、苦之分，其中苦杏仁有毒，成人吃 40 ～ 60 粒，小孩吃 10 ～ 20 粒，就有中毒的危险，需要用凉水浸泡后才能食用，如将杏仁制成杏仁茶，既好喝，又安全。

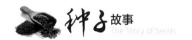
种子故事 | 古老的不只是历史的年轮，
更是美味的沉淀

　　提起北京市平谷区，相信大家都耳熟能详，或者即使没听说过平谷，但也肯定听说过平谷大桃。平谷大桃以个大、色艳、甜度高而驰名中外，深受广大消费者青睐，它也是中国国家地理标志产品。平谷区赫赫有名的"平谷十二果"，除了大桃还包括大枣、红杏、红果、葡萄、核桃、樱桃、苹果、柿子、李子、栗子、梨。生活在平谷区的刘兆发大爷，就种植着栗子。大爷住的村子周围风光秀美，层峦叠嶂，集奇峰巧石、深林奇树等自然景观和各种人文景观于一体，以雄、奇、秀、美在北京地区独树一帜。

　　深秋时节，碧天远，黄叶落，西风紧，雁南飞。此时，新栗子就要上市了。在街上经常能见到有人支起黑黑的大铁锅，里面盛有砂子，将栗子埋在其中，一人拿铁铲徐徐翻炒。砂子的作用，自然是为了让栗子受热均匀，不至于焦煳。等栗子爆开裂口，再将糖水倒进去，栗肉黄灿灿的，沾了糖水之后晶莹发亮，这便是有名的"糖炒栗子"了。买上一小袋，剥开来吃，极为香甜可口。不一会儿，便将一袋全都吃完了，而手上也变得黏乎乎，不得不去洗手了。说起北京的板栗，相信大家首先想起的是"怀柔板栗"，但是平谷的板栗也有其特点。平谷板栗外形美观，底座小；果形端正均匀；颜色呈红褐色，鲜艳有光泽，有浅薄蜡质层，皮薄，较其他地区的板栗硬、实；果仁呈米黄色，易剥、不粘内皮。板栗营养丰富，是高热量、低脂肪、高蛋白、不含胆固醇的健康食品。我国种植板栗有很悠久的历史，早在西周时期就有栽培。近年来，板栗出口量不断扩大，畅销日本、韩国、新加坡等国家，日本客商点名要北京的板栗。板栗在国际市场上具有很高的声誉，也荣获"中华名果"产品名誉称号。

板栗

听刘兆发说，以前基本上家家户户都有板栗树，多的几十棵，少的也有几棵。板栗树树形大，蚂蚁多，因此打板栗成了件辛苦的活儿，需要人力徒手爬到数米高，站在树上舞动竹篙，极具挑战和风险，平衡性、技巧性、力量性高度融合，才可将板栗敲落，舞动竹篙，栗如雨下。捡板栗也不易，因它全身长刺，稍不留神就刺手，还得提防树上掉下的。要砸开板栗更不易，一粒一粒地打开费神耗力，需齐心协力才可干完。吃上一碗板栗烧肉，那是舌尖上的美味，何等幸福，现在想来仍回味无穷。

板栗贮藏起来也有不少讲究，栗实有三怕：一是怕热，二是怕干，三是怕冻。在常温条件下，栗实腐烂主要发生在采收后一个月时间里，这段时间称为危险期。采后2～3个月，腐烂就较少了，则到了安全期。因此，做好起运前的暂存或入窑贮藏前的存放，是防止栗实腐烂的关键。比较简便易行的暂存方法是，选择冷凉潮湿的地方，根据栗实的多少建一个相应大小的贮藏棚。棚顶用竹（木）杆搭梁，其上用苇席覆盖，四周用树枝或玉米、高粱的秸秆围住，以防日晒和风干。

在板栗生长的过程中还要定期修剪板栗树，以让板栗生长得更好，它的修剪分为冬剪和夏剪。冬剪是从落叶后到翌年春季萌芽前进行，冬剪能促进栗树的长势和雌花形成。夏剪主要指生长季节内的抹芽、摘心、除雄和疏枝，其目的是促进分枝，增加雌花，提高结实率和单粒重。另外，为了确保板栗的生长和产量，合理施肥也是关键所在。基肥应以土杂肥为主，以改良土壤，提高土壤的保肥保水能力，提供较全面的营养元素。施用时间以采果后秋施为好，此时气温较高，肥料易腐熟；同时正值新根发生期，利于吸收，从而促进树体营养的积累，对来年雌花的分化有良好作用。至于浇水，一般发芽前和果实迅速增长期各灌水一次，更有利于果树正常生长发育和果实品质提高。

板栗树

　　但是近几年来，板栗的种植明显要比以往少很多，不只是刘兆发家里，全村的板栗种植都开始慢慢减少。现在村子里的年轻人已经很少了，为了获得更高的收入大多都选择进城务工。说到这，可以明显感受到刘兆发的那一丝苦闷。是啊，年轻人大多都进城务工了，导致我国农村空心化和老龄化比较严重，这是目前我国农村发展亟待解决的一个问题。这些农活儿比较耗费体力，尽管不会带来很高的经济收益，但也算是这些仍然留守在农村的老人与这片土地深厚情感的一个见证吧。已经有几百年种植历史的板栗仍然还在开花结果，为我们呈现最自然的果实。古老的不只是历史的年轮，更是美味的沉淀。

种子故事 | 彭晓林与农业

　　北京市平谷区的彭晓林讲述了自己与红得发紫豆角种子以及各种葫芦种子的故事。彭晓林先生腿有残疾，16岁时去生产队当了一名农业技术员。由于彭晓林非常喜欢农业，喜欢探索遗留下来的老种子，对农作物有感情，所以他怀着一颗感恩的心，在这个岗位一干就是46年。彭晓林说，他对这些种子有着特殊的情怀，他也经常自己尝试培育新品种，但是他最喜爱的还是这些老种子。

　　彭晓林过去去天津市蓟县进行参观，无意间发现了红得发紫豆角这个品种。于是他就向当地的村民打听，幸运的是，当地村民给了他5粒。等回到家之后，彭晓林将他们视若珍宝。第二年用心培育，结果这5颗种子都成活了，彭晓林发现这种豆角的叶子、花和果实都是红色的，于是就给它命名为"红得发紫"。

　　要想吃到红得发紫豆角，这过程可不容易，彭晓林说道。豆角是春种、夏管、秋收。种豆角不用整片农田地去种植，而是在家里的篱笆墙和路边栏杆上、廊道架上种植，既能打造农业景观，又能吃到农家传统品种。每年四月中旬开始整地，四月下旬至五月上旬播种。播种前翻地，施肥做垄，然后80厘米一穴开沟，浇足底水，每穴点种两粒豆角种子，然后封土。五月下旬至六月为豆角除草、浇水，将豆角秧领上架。七月旱时浇，涝时排水。八月防治病虫害，主要是豆荚螟，连着防治三周。这样一套程序下来，八月中旬至十月下霜前就可以采收到优质的豆角了。

　　因为都是农户自己人工种植，所以产量并不是很高，平均每亩2000斤。

豆角收获之后，由农民自己销售，优质的豆角可以卖到高达每斤 20 块钱。

红得发紫豆角春种秋收，采收期 50～60 天，产量高，果实优质，不爱得病，生命力强，秧攀得高。大部分人只知道豆角含有较多的优质蛋白和不饱和脂肪酸，矿物质和维生素含量也高于其他蔬菜，却不知道它们还具有重要的药用价值。豆角有化湿补脾、调理消化系统、补肾止泄、益气生津的功效，对脾胃虚弱的人尤其适合。红得发紫豆角非常好吃，可以做土豆炖豆角、豆角烧茄子等美味菜肴。

葫芦也是彭晓林搜集的对象。葫芦为葫芦科、葫芦属，爬藤植物，一年生攀缘草本，有软毛，夏秋开白色花，雌雄同株。葫芦的藤可达 15 米长，果子可以从 10 厘米至 1 米不等，最重的可达 1 千克。葫芦喜欢温暖、避风的环境，幼苗怕冻，种植时需要很大的地方。新鲜的葫芦皮嫩绿，果肉白色，未成熟的时候可以作为蔬菜食用。葫芦藤蔓的长短，叶片、花朵的大小，果实的大小形状各不相同。葫芦可辟邪祛灾，寓意为"福禄"。彭晓林非常喜爱葫芦，经常尝试着培育新品种，"狼牙棒""大肚葫芦""小肚葫芦"都是彭晓林所喜爱的葫芦。

葫芦

　　彭晓林介绍种葫芦选地很重要，最好选择排水良好、土质肥沃的平川及二洼地；有灌溉条件的岗地也可以。以玉米、小麦、大豆茬为好，忌和黄瓜、西瓜等瓜类重迎茬，上茬使用封闭除草剂的地块都不能种植葫芦。

　　葫芦的吃法很多。元代王祯在《王祯农书》中说："匏之为用甚广，大者可煮作素羹，可和肉煮作荤羹，可蜜前煎作果，可削条作干……"又说："瓠之为物也，累然而生，食之无穷，烹饪咸宜，最为佳蔬。"可见古人是把葫芦作为瓜果菜蔬食用的，而且吃法多种多样，既可烧汤，又可做菜，既能腌制，也能干晒。

　　每一种艺术都有自己独特的特点，葫芦雕刻也不例外。它既是艺术品，也是很好的古文化传承的载体，是一门"易学"但却"难精"的民间技艺。葫芦雕刻作品大多出于民间艺人之手。彭晓林说等他退休了之后一定要学一学葫芦雕刻、葫芦盆栽等葫芦工艺。相信大家都很期待吧！

种子故事 | 保护老种子，人人有责

北京市平谷区的张继付从小就喜欢观察各种种子，每天都得下地观察一番。张继付为我们讲述了他最宝贵的几个品种。

首先是平谷最出名的果品——桃子。张继付说北京市平谷区的晚24号桃子是在他家果园中变异出来的一个品种。果实成熟期为九月中下旬，晚熟品种。果特大，平均果重250克，大果重750克，坐果率高，外形美观，口感甜，含糖量高，黏核。远销我国香港、台湾地区以及新加坡、马来西亚等国家。其栽植面积比较大，适宜平坝、山区栽培。

桃子的营养价值非常高，张继付介绍有益气补血、养阴生津的作用，可用于大病之后，气血亏虚，面黄肌瘦，心悸气短者；桃子的含铁量较高，是缺铁性贫血病人的理想辅助食物；桃子含钾多，含钠少，适合水肿病人食用。家里九亩多地主要种的就是平谷大桃。这几年桃子的产量比较稳定，大概年产量一亩地4000～5000斤。现在，桃子主要销售渠道是收购，农户去找收购商，价格合适的话就卖给他们。晚熟品种就空运到南方去，也提供采摘。

西葫芦也是老一辈流传下来的老种子，果实不爱老，30摄氏度以上生长缓慢并极易发生病害。张继付向我们介绍，西葫芦主要是春季种植，在苗长出20～30厘米的时候扎架让它往架子上爬。但是张继付家种的西葫芦不用扎架，和别的西葫芦不同的就是芽短。以前留下来的种子好管理，就春季给它浇浇水就行了。

西葫芦种子

张继付种植的圆茄子和市面上卖的相比，个头大，籽少，不爱老。张继付非常爱吃自己种的茄子，因为不打药，自己吃着放心。

张继付还跟我们分享了储存茄子的小妙招：茄子的表皮覆盖着一层蜡质，具有保护茄子的作用，一旦蜡质层被冲刷掉或受机械损伤，就容易受微生物侵害而腐烂变质。因此，要保存的茄子绝对不能用水冲洗，还要防雨淋，防磕碰，防受热，并存放在阴凉通风处。

圆茄子种子

张继付家的院子里还有一棵非常古老的核桃树，每年这棵核桃树都会产150斤净核桃。这棵树据说是张继付爷爷的爷爷所种，张继付非常喜爱这棵核桃树，夏天乘凉，秋天收果。这棵核桃树也有缺点，它所结出来的核桃的果仁非常不好剥。听到这里我们有了疑惑："那为什么不把这棵核桃树砍了呢？换一个好剥果仁的新品种。"张继付立刻打断了我们的想法。"那不行！"短短的三个字，透露出了张继付的焦急，张继付说，"老种子是人们赖以生存的根本，我们必须把根留住！这棵核桃树果仁虽然不好剥，但是它吃着香啊，而且它不仅仅是一棵核桃树，更是老祖宗留下的最宝贵的财富。我们要好好保护它。"

是啊，保护老种子，人人有责！

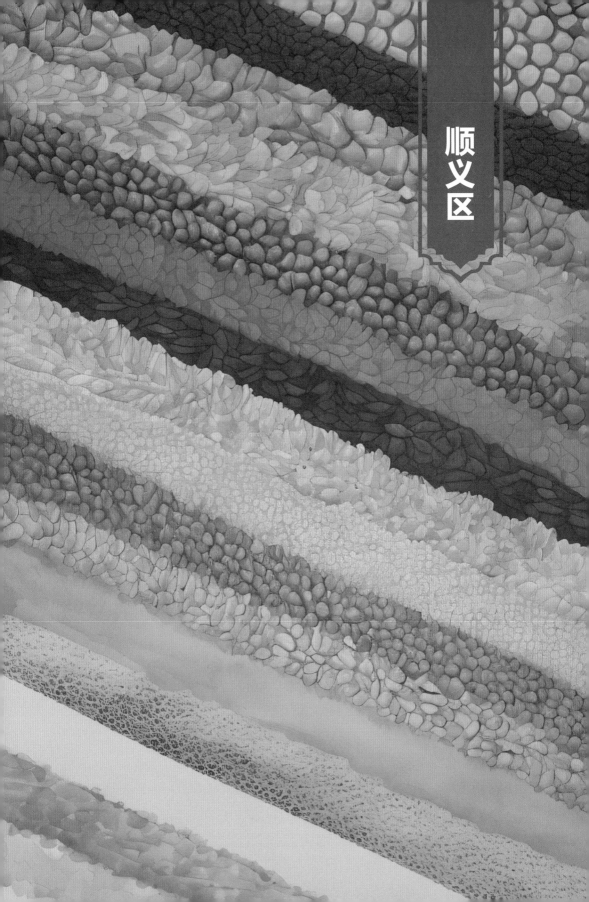

顺义区

种子故事 | 鞑子帽高粱：阴差阳错的缘分

北京市顺义区的李海利，是一位现代化农民。小时候上学时，老师问大家以后想做什么工作，李海利就随手一填：想做一个现代化农民。后来，阴差阳错之下，还真实现了小时候的愿望，成为一位现代化农民。

他收集了很多老品种种子，一部分满足自己的愿望，另一部分是为了实用性。20 世纪 80 年代，李海利还没有开始种蔬菜，而是在做司机，每周接送人上下班，这些人是种植花卉的。一直来回跑接触到了种植行业，自己也跟着学起了种植，开始种起蔬菜。

2010 年，当地政府开始推进设施农业、现代化农业。建设蔬菜大棚时，李海利特地向镇领导提出要求科技下乡，并响应政策号召积极建设冷暖大棚，推进现代化农业下乡。李海利还在空余时间参加了区、镇组织的新型农民、现代农业相关培训。不仅如此，为提高自己的种植技术，还曾特地去周边的农业特色基地学习黄瓜、西芹、南瓜、西葫芦等农作物的种植管理技术，学习到了各种蔬菜的喜好、肥料的利用、节水灌溉等相关的专业知识，为之后自己的蔬菜种植提供了很大的帮助。

现在，李海利所在的村子已形成了一定的种植规模，村里整体的大棚规模是 80 多亩地。李海利讲述大棚种植虽已有了一定的规模，但是落实到管理上就不甚理想了。大家的小农意识很强，都是各自为政，各家想种什么种什么，蔬菜种植收获时间不统一，无法进行一定的规模管理。要想组织统一种植统一管理，只讲很多道理，看不到一些实际效果的话，就没有人相信了。曾经李海利还主动带头种植过西葫芦、豇豆等农作物，但

是一些人的心思早已不在大棚种植上。当时，大棚建设用地是个人的口粮田，大家商议合力建设成大棚。组织建设大棚种植到现在十几年了，当时合力建设大棚的大多数人都已经是高龄老人了，还有人已经过世了，大家早已没有精力去管理种植了。现在，年轻人都在外面学习、上班，不愿意做这些了。对种植有兴趣的人，又因为各家不愿意放弃自家的土地，土地无法流转，不得不放弃。虽然现在政府要求耕地不要撂荒，但仍难以避免。

李海利介绍自己手里最老的品种就是鞑子帽高粱，北京 20 世纪 60 年代就有这种子了。李海利手里的高粱种子是他们家老爷子当年来回跑做笤帚时收集到的。李海利就继承下来，每到种高粱的时节就在一块地上撒一把种子。

高粱一般在春夏季节播种，喜温、喜光，在生育期间所需的温度比玉米要高很多，而且有一定的耐高温特性，全生育期都需要充足的光照。

鞑子帽高粱

春季播种时间 3～4 月份，夏季播种时间 5～6 月份。种植时间过早，气温较低，容易导致生长速度减慢。种植时间过晚，后期容易出现冻害，会影响高粱的成熟。

高粱米可以用来做谷物粗粮饭。人吃谷物饭是非常健康的。除此之外，这种高粱一般会用来做笤帚，在过去还会用高粱秆来糊顶棚，做盖帘（捏饺子时放饺子用），高粱叶还可以用来喂鸡。

提到种菜技术，李海利说在种菜上要做到人无我有，人有我优。除了种植自己手里现有的种子外，李海利还曾经尝试引进外地品种的蔬菜种子，但是结果都不是很理想。新品种与老品种比起来抗病性、抗倒伏性较差，口感上也有一定差距。外地引进的种子种出来的蔬菜口感和在原产地种出来的有一定差距，而且在北京很少有人吃。久而久之，李海利就只专注于自己手头上的老种子了。

牛腿倭瓜

李海利介绍，家里也会种植各种应季蔬菜，蔬菜上市的时间各不相同。李海利以牛腿倭瓜举例，一过完春节就要种倭瓜子，到五一左右就可以成熟上市了。这时的倭瓜较嫩，口感最好，一个 2～3 斤的倭瓜，可以

卖到 4 块钱一斤。过一段时间等到倭瓜完全成熟，长到 10 斤左右的时候，市场价格就变成了 1 块多钱一斤。两段时间的倭瓜收益几乎持平，但是口感还是最早的香嫩些。还有搅瓜，通过搅拌瓜肉可以呈丝状。李海利介绍他们一般用搅瓜擦丝做馅，配点蔬菜做成锅塌子。最后，李海利还叮嘱道：如果有其他老种子，可以联系他来种植，他对老种子还是非常有感情的。传了几十年的老东西，可不能丢了！

　　这就是李海利，一位现代化的农民，应和天时种植蔬菜，夜以继日地坚守着大棚，传承着老品种、老念想。

种子故事｜水稻：跨行业的梦想和传承

"汉帝封臣知不少，张堪业绩多荣耀。箭杆河边清水稻，渔米飘香……"推开顺义区潮白河西岸某村史馆的大门，映入眼帘的便是张堪"渔阳惠政"的历史和该村的村规民约。以前的村庄，水网密布、河渠纵横、稻畦满野……小桥、流水、苇塘、柳岸等穿插在大片稻田之间，犹如"江南水乡"。这里有"张堪种稻"的历史典故，村民代代传承张堪勤俭精神。在《后汉书·张堪传》中记载，东汉时期，汉光武帝刘秀将张堪调至渔阳郡任军政太守。由于当地农业十分落后，张堪结合地理特点，将水稻种植经验传授给当地百姓，开创了我国北方种植水稻的先河。而今，东汉稻种虽已失传，但刘晓辉却在这里，耕种着传承了半个多世纪的稻种。

水稻

　　刘晓辉种植的水稻品种始于20世纪50年代，俗称"老不死"，抗病性强、产量高、口感好。村里的气候和土壤为水稻种植提供了基础环境。穿村而过的箭杆河不仅为村民提供了生活与农业用水，还在无形中塑造了村里特有的土壤环境。清朝时期，这里的"三伸腰"稻米因粒粒饱满，晶莹剔透，口感软糯而成为朝廷贡米，至今仍然远近闻名。

　　刘晓辉是在2012年开始种植水稻的。每年一茬水稻、一茬小麦交替种植。5月初到5月中旬，进行水稻的选种和育苗工作。6月中旬到6月下旬收割小麦。刘晓辉介绍从收割小麦到种植水稻要有七个步骤：收割、灭茬、撒肥、旋耕、上水、耙地、插秧。每年的6月15日到7月1日、10月15日到11月1日都是最忙的时候，不仅要收割还要进行下一茬的播种。

　　刘晓辉管理着将近300亩田地，其中有200亩种植的都是水稻。刘晓辉在传承老品种的同时，还致力于寻找前人的种植方法。他认为前人的种植方法对现在的种植是有一定的借鉴意义的，但由于古人的种植方法早已失传，他便只能向一些老前辈讨教一些前人流传下来的种植技法。其中，就有一个挠地。挠地，就是一个人跪在水田里，用手拔草，把草除掉；在除草的过程中双腿在地上跪出一个沟来，同时对水稻根部进行松土。这种方法需要进行三遍。这就是老人说的：一爬陇，二松土，三除草。刘晓辉得知了长辈们沿袭的种植方法后，便想用机械复原，解放人力的同时复原前人的种植方法。刘晓辉也会在遇到自己摸不准的事情时去请教上了年纪的老前辈，例如抓完地是马上上水；还是直接控水。最后发现水稻田抓完地之后，要先控两三天，让太阳将水田里的杂草晒死，同时让土壤进入充足的氧气，以利于水稻更好地生长。刘晓辉为了更好地学习水稻种植，会奔赴全国各地去学习先进的种植方法、知识和经验。刘晓辉直言，他对水稻、农业有很大的兴趣，遇到难题解决之后收获的成就感，让他感到一切辛苦都很值得。除了想要继承传统文化之外，他更加希望用现代机械还原中国古代种植的方法。

　　自种植水稻起，刘晓辉便十分重视粮食安全，采用有机方法种植。刘晓辉讲述，在种植水稻过程中最困难的事情就是有机种植中出现的草害问题和肥力问题，有机种植是不可以使用化肥、农药、除草剂的。为解决草害问题，刘晓辉通过去各地访问学习、网络视频资料学习，和同伴们一起动手制作出一台除草机器。现在这台机器每天的锄草量约有五十亩，可以将人力从稻田里解放出来。为解决肥力问题，刘晓辉提出"鸭稻共生"模式，在稻田养鸭子，让鸭子承担除草重任的同时将粪便留在田里增肥。同时，每亩还会施用两吨国家提供的有机肥，增加土地的肥力。通过"机械＋鸭稻＋人力"的模式，锄草率达到了 80% 以上，每亩地的产量从原来的 300 斤增至现在的 700 斤。刘晓辉希望未来可以实现水稻每亩800 ～ 900 斤的产量，达到同类水稻的世界先进水平。

水稻种子

刘晓辉向我们介绍，市面上的米蒸过一次熬个粥，基本就成了糊糊；而他种的稻米蒸三次后熬出的粥还是一个个米粒，米粒比蒸米饭的时候更膨大，且他的稻米比其他品种的稻米更加清香、健康。

刘晓辉的水稻因其文化传承和丰富的营养价值，无形中走上了礼品路线。刘晓辉讲述在刚开始种植水稻时，主要通过线下、朋友宣传介绍的方式进行销售；慢慢地，随着科技和网络的发展，开始了线上线下相结合的销售方式，创建了自己的公众号平台进行宣传推广和销售。后来考虑和京喜、淘宝进行合作，但是刘晓辉不想使历史品种的老水稻太过于商业化，

不想最后只追求水稻产量，影响水稻质量，便及时停止了与这些平台的销售合作。与此同时，刘晓辉提出举办文化活动，他在 2015 年就开始了，当时中国还没有丰收节。刘晓辉通过研学游、丰收节、插秧节等文化活动，在让大家体验文化的同时进行水稻的宣传销售。刘晓辉还将原稻做成米饭让大家品尝，然后投票选出好吃的水稻，让大家参与活动体验的同时进行市场调研。

水稻

种植水稻是刘晓辉的愿望，也是他的老师的愿望。刘晓辉原先是学习音乐的，但是因为自己对水稻田的记忆深刻，毅然从音乐专业投入进了水稻种植。刘晓辉第一次接触水稻是在他上学的时候，他的音乐老师把父亲的同学——一位对农业有深入研究的老师介绍给刘晓辉，这位老师委托刘晓辉一定要把这个水稻种好。刘晓辉便怀着自己与老师的梦想和责任，一直种植着水稻。刘晓辉告诉我们，他每年都参加政府组织的农业知识宣讲工程，听取国家关于农业的相关政策，并且会向北京市农林科学院的老师请教农业上的专业知识，慢慢地自己摸索。刘晓辉总是想着一些老品种是需要留着的，不种的话以后想找这些品种可能就再也找不到了。

种子故事 | 我与桃

在北京市顺义区有很多果农，张艳芳就是其中之一。张艳芳家里主要种植垛子桃，垛子桃在当地是出了名的好吃。

垛子桃是一种早熟桃。张艳芳介绍垛子桃的正常成熟期是6月份。桃树会在3月上旬开始萌动，5月初开花，6月份成熟，11月上旬到中旬就会落叶。垛子桃又叫朵子桃，之所以叫朵子，有两种解释。一种说法是桃树摘果时先摘下来的小桃叫朵子，这些桃子个头都不大。另一种说法是桃子水灵，红彤彤的，像花朵儿一样漂亮，吃起来香甜可人。

张艳芳在1990年之前就开始尝试种植果树，但由于收成和经济压力，之后就淘汰了已种的果树。紧接着又在2000年收集种植了一批新果树，当时各个地方的果树品种很少，很多种类的果树都要自己一点点学习嫁接，慢慢地就种下了现在这批果树。张艳芳说当时种树的条件很差，什么都是大家人工一点点干下来的。小树苗刚种下的时候，浇水非常重要。但是那时候的水井特别少，只能用村里唯一的一处机井水来浇树。水井离果树地又很远，张艳芳就每天开着拖拉机拉着塑料罐从井里抽水拉到地里去浇树，一点点地把树浇活。一转眼三十多年过去，当时蔫答答的小树苗都已经这么大了，人也上了年纪。从张艳芳的讲述，可以看到早期果农种树维持生活的艰苦和勤劳。

不仅仅是早期果树育活需要耗费心血，果树每年的种植、维护、销售都是累人的事情。张艳芳介绍道，她的公公婆婆就是种植果树的，从她嫁过来就自然而然地开始接触果树种植了。刚种果树的时候，家里四口人都

忙不过来，现在物价越来越高，只靠果树来养家糊口是越来越难了。迫于经济压力，张艳芳的爱人不得已放下家里的果树，外出工作补贴家用。这样家里就只有张艳芳一个人照顾着果树了。

　　每年张艳芳都要为桃树费心费力：开春的 3 月底施第一次肥，让桃树有肥力结桃子。张艳芳现在都会施农家肥，同时会加点复合肥来保持桃树的肥力。4 月底之前，就需要开始给桃树打药，一般每年打三次药。5 月 1 日左右桃树基本就开花了，6 月 20 日左右桃子就到了成熟期，开始摘桃到集市上售卖。在 7 月 20 日左右，桃子就卖完了。

桃树

　　摘完桃子以后，张艳芳就要开始给桃树摘心。"夏季修剪桃摘心，三次摘心增千斤"，这句话说的就是修剪桃树，摘心可以减少嫩枝的生长，保留养分，来年结出更多的桃子。桃树摘心要认清桃树的长势，对桃树的徒长条、长势旺新梢和多余新梢进行疏除，剩下的旺长梢进行摘心，以长出更多结果枝，提高桃树的产量。8月份，张艳芳会再施一次肥，以此来保证桃树有营养，可以安全度过冬天。11月底，张艳芳开始冬剪，这时候剪枝对桃树伤害最小，同时没有树叶，更方便修剪桃树的树形。桃树冬剪分为短截、疏枝、长放、回缩四个步骤。短截是将一年生的枝条剪去一部分，来加强被短截枝条长新梢、分枝的能力。疏枝是将枝条从基部疏掉，降低树冠的枝条密度。长放就是对一年生枝条放任不剪，自然生长，保留芽量最多的枝条。回缩是对多年生枝条进行短截。

桃

　　几十年来，张艳芳一直坚守着自己的老品种桃树。张艳芳告诫道，吃果子最重要的还是它本身的味道和口感。现在一些新品种桃子都是花里胡哨的，贪求个大、色红，盲目地追求长速和产量，少了原来的味道，还是老品种果树比较纯粹一点。

　　除去果树的种植和维护，桃子的销售也是张艳芳一个人负责。张艳芳讲述了她卖桃的渊源。当时张艳芳爱人家一家人都不善言辞，果子的销售问题非常棘手。有一次，张艳芳家头一天下午摘桃，第二天带着小 1000 斤的果子去批发市场对接买家，但是当时收购价格非常低，2 毛 3 分钱一斤，小 1000 斤的果子最后只卖了不到 300 块钱，那时候是张艳芳种树卖果最伤心的时候。从那时起张艳芳就不去批发市场销售了，开始上集市零散地卖桃子，在集市上半天就可以卖一两百块钱。慢慢地，张艳芳公公婆婆年纪大了，就让张艳芳接手了家里的果树种植与销售。

　　2007 年，气候干旱，家里的垛子桃单果还没有金太阳杏个儿大，品相不好，没有办法卖，但是张艳芳不想浪费辛苦收获的桃子，就想出一个办法——让利加量。以远低于市场的价格加量售卖桃子，原价九毛一斤的桃子变成两块钱五斤。张艳芳说桃子谁吃都一样，自己少挣一点卖给大家，只要不糟蹋、不浪费就是好的。一直到现在，张艳芳都是在集市上零散地卖桃。

　　张艳芳家里种果树比较仔细，她们家的杏和桃在当地都非常出名。金太阳杏个大，含糖量高，口感好。垛子桃单果在 150 ～ 180 克，品相好，耐储存，方便运输。附近集市上的人们虽然不知道张艳芳的名字，但是只要说卖桃子的人来了就知道是张艳芳来卖桃子了。

种子故事 | "白马牙"玉米：难以割舍的回忆

　　千百年来，我们祖祖辈辈与土地结缘，在四时节气里培育、种植、收获着庄稼，庄稼就是农民的天。顺义区的董承志向我们讲述了北京老品种玉米——"白马牙"的历史。

　　董承志讲述，"白马牙"玉米是在北京当地流传了几十年的老品种，曾经很多地方都种过，但是因为其刮风下雨会倒伏，影响产量，在杂交玉米的冲击下就慢慢地销声匿迹了，现在北京已经很少有这个品种的玉米了。"白马牙"玉米有一个很大的特点：它喜肥水，耐旱涝，果穗大，品质优良，长得比一般的玉米都要高，非常挺拔。从播种到籽粒成熟全生育期为 155～160 天，生长期长，属晚熟品种，充足的日照和较大的昼夜温差，非常有利于营养积累。

　　"白马牙"玉米的根系扩展范围较大，需要有肥沃疏松的土壤，因而播种前需要人工进行翻地，为其提供充足的氧气。玉米一般在 4 月 20 日左右进行播种，播种时还要注意播种的深度。玉米生长期正好在北方的雨季，降雨较为丰沛，浇水量要根据当年的降水量适当调整。这种晚熟玉米一般在 9 月 15 日左右就可以收获。

　　董承志介绍，自己一直种着这种"白马牙"玉米，不舍得丢，主要是因为这种玉米自己从小看到大，有很深的感情。小时候，家家户户都在种这种玉米，收获粮食，养家糊口。现在五六十岁了总是会回忆过去的时光、过去的味道。自己闲时种点"白马牙"玉米，成熟了尝尝味道，留着点对过去的念想。董承志对"白马牙"玉米有非常深的感情，他不能让自

己从小看到大的种子在自己手里断掉。

"白马牙"玉米

　　董承志坚持种植老品种玉米除了因为自己的个人情感以及老品种玉米好吃之外，还有一个原因就是他认为自己种的玉米比外边买来的吃着更安全、更放心。自己手里的玉米都是自己一点点种植、浇水、收获的，不用除草剂等化学药品，种植过程自己一力承担，因而种植成本非常高，不适合跟着市场的低价销售。所以一般情况下董承志家的玉米都是自己食用或者送亲戚朋友，在有剩余的情况下，会对一些老客户进行销售，售价会高于市价，但其销售量并不大。

　　董承志说种玉米的时候就怕刮风下雨，还得防鸟害，这是最令人苦恼的。董承志讲到有一年在地里播了四次种子，每一茬玉米刚出来十多厘米，就有鸟过来一个一个啄出来，啄出来以后还放在那不吃，白白糟蹋粮食。当时可真是气坏了他，这些鸟是国家保护动物，逮了就犯法，不逮吧这些鸟又太糟蹋粮食。各种各样的灾害放在一起，有时候就错过了播种的时节，当年玉米就无法种植，只能来年再种了。一直这样坚持着种下去，董承志自己也觉得不容易，笑称自己是"倔骨头"，越不容易种，自己就越执着，越想种下去，就一直种到了现在。

"白马牙"玉米

董承志介绍这种玉米收获下来直接煮着吃就挺好吃的，最原始的吃法是煮和烧。还可以加工成白玉米渣或者白玉米面，用来煮玉米粥、棒渣粥，做玉米饼，摊锅饼，做发糕，做菜团子，等等。

从古至今，无论是王侯将相，还是布衣百姓，大家总是会喜欢吃些玉米类食品。"白马牙"玉米作为传统的老品种，曾经是北方玉米的代表。现在随着经济的发展和人民生活水平的提高，对于绿色环保的需求不断增加，"白马牙"玉米正慢慢回到人们的视线中。希望这种传承多年的老品种永远不会消失，因为它不仅是一种粮食、一种口感，更是好几代人的情感寄托和传承。

种子故事 | 技术更迭，迎农村振兴

　　在互联网迅速发展的时代，人们的生活节奏较快。在这种大环境下，有些人的梦想就是退休后有自己的菜园子，按照季节种植当季的蔬菜水果，实现自给自足，放慢生活节奏。在大多数快节奏生活下的人，多多少少都有一个田园梦。这是有些人的梦，也是有些人赖以生存的方式。

　　住在北京市顺义区的岳秋景夫妇，虽然也是"北漂"，但是他们与大多数"北漂"人不太一样。岳秋景已经六十多岁了，在顺义区从事农业生产活动已经十余年了。来北京之前，在老家也一直从事着蔬菜种植行业，"术业有专攻"大概说的就是岳秋景这类人吧。岳秋景夫妇在顺义区有8亩耕地，用于种植蔬菜，有西红柿、黄瓜、茄子、辣椒、冬瓜、丝瓜、芹菜、萝卜、蒿子秆等各种蔬菜。岳秋景种植的蔬菜种类完全取决于市场需求，就拿一串铃冬瓜来说，冬瓜的类型有很多，有黑皮冬瓜、白皮冬瓜，有大冬瓜、小冬瓜，为什么会选择一串铃冬瓜呢？根据现在的市场需求，原先三四十斤一个的冬瓜已经跟不上市场的变化，现在的家庭小型化、核心化，大冬瓜一顿吃不了，可能得吃一个星期。而一串铃冬瓜在销售上，可以满足市场的需求——个小，一个家庭一两顿就可以吃完，可以用来涮火锅、煲冬瓜汤、包饺子、炖排骨等。从生产角度而言，一串铃冬瓜耐寒性较强，耐热性中等，不耐涝，防病虫害，早熟，小果型，适宜保护地或露地早熟栽培。

　　一年之计在于春。每年春天，岳秋景就会去往农资商店，看看当年要种植的蔬菜种子以及肥料等。市场需求在不断变化，种植的品种类型也要及时调整，才能满足消费者的多样需求。岳秋景积极尝试种植新品种，种子公司的试验种子，岳秋景都会去试种，从而选择最适合自己种植的品种。为了迎合市场的需求，岳秋景每年种植的蔬菜品种都会调整。

冬瓜

　　岳秋景之所以这么了解市场的需求，在于他们夫妻俩在市场还有自己的摊位。从生产到销售全靠自己，每天在市场上售卖自己种植的蔬菜，看看哪些蔬菜比较受欢迎，从而调整自己的种植数量。根据前一天市场的售卖情况，第二天从地里摘更受欢迎的蔬菜进行售卖。岳秋景家的8亩耕地全部用来种植蔬菜，什么季节种植什么蔬菜，全是夫妻俩自己决定、自己劳作。夫妻俩没有雇用其他人，一方面是考虑到生产成本问题；另一方面雇用其他人干活，是否符合生产技术要求，是否会对蔬菜种植的产量有影响，都是岳秋景要考虑的问题。基于这些原因夫妻俩不假手于人，都是自己劳作。每年三月初，一串铃冬瓜就开始种植，五月初可以收获第一批果实；秋天再种植一批，一年一共收获两季。一串铃冬瓜既满足了市场的需求，同时也提高了产量，并且耐寒、抗病虫害。岳秋景大半辈子都在从事

蔬菜种植行业，了解各种蔬菜市场以及蔬菜的生产过程。岳秋景介绍，蔬菜产量与气候、水肥条件也息息相关。可能下一场雨，蔬菜的长势就好了。所以说蔬菜生产种植与有些人所想的美好的田园生活存在着很大的出入。

冬瓜雌花

冬瓜雄花

　　近些年来，在乡村振兴方针的指引下，国家越来越重视农业。但是农民是否能从农业生产中获得较高的收益，也是农业生产者所关心的问题。岳秋景在农业生产的同时经营着市场的一个摊位，实现了自己种植自己经营，没有中间商。从生产到销售全程掌握在自己的手里。岳秋景还举了一个例子，现在市场上菜花零售价挺高，但是在寿光蔬菜种植基地，农民既要买农资，还要投入人力去支持生产，而批发价很低，导致最终受益的不是最初的种植者，往往是中间商获利最多。这也说明，当我们种植出来以后，还需要一个好的渠道去销售。

　　岳秋景还指出了现在农业生产者所面临的问题。现在的农业生产者几乎都是中老年人，能从事农业生产经营的以及掌握农业生产技术的人员也都五六十岁了。如果不对农业生产者有一个积极的引导，在不久的将来，也许就没有从事农业生产的人了。希望通过乡村振兴战略，让农民更多地获益，实现农业强，农民富，农村美。

冬瓜

随着生活水平的提高，人们对蔬菜营养和口感的要求不断提升。农业生产者为了迎合市场的需求，不断提升自己的生产品质。现在我们日常餐桌上的蔬菜，是像岳秋景一样的农业生产者夜以继日辛勤劳动的产物。他们面朝黄土背朝天，他们是最朴实的人，他们是最真实的耕作者。我们印象中"种豆南山下，草盛豆苗稀"的田园生活，只能存在于美好的愿望中，而真真正正的现实是，"晨星理荒秽，带月荷锄归"，这才是他们真实的写照，一年从春忙到冬，这就是他们的生活。

冬瓜

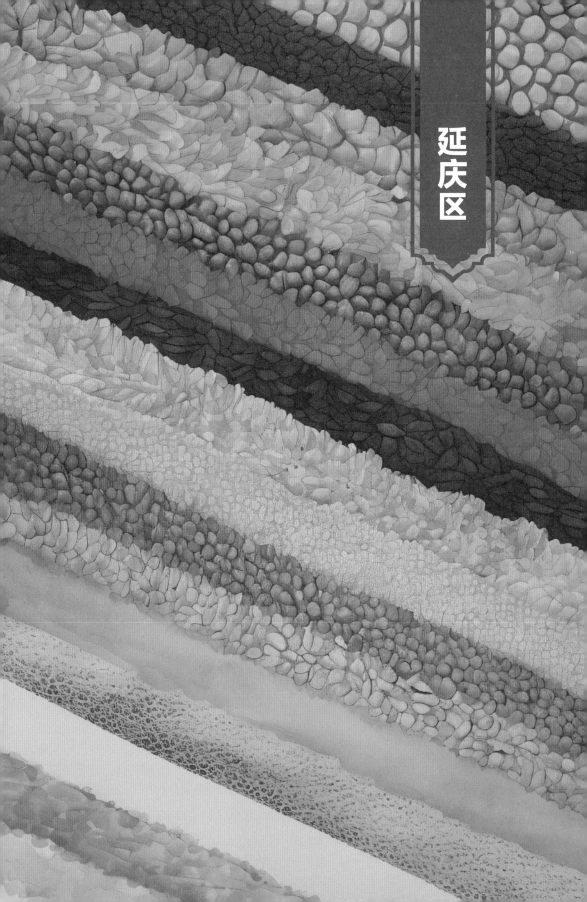

延庆区

种子故事 | 延续老种子

北京市延庆区的翟翠英讲述了她与老谷子和白小豆的故事。58岁的翟翠英一直生活在延庆区，每隔一段时间，她就走街串巷去打听大家家里都种些什么，大家爱吃什么。当谁家有老种子时，她都会去收集，然后尝试着种植。她始终致力于保护老种子，将老种子一直延续下去。翟翠英说道，虽然现在市面上有各种各样通过大量人力物力培育出来的新品种，但是和老品种相比，无论是味道还是营养价值，老品种还是更胜一筹的。延续老品种不仅是对儿时味道的一种怀旧，也是对老种子的一种保护。翟翠英和我们分享了两种老种子。

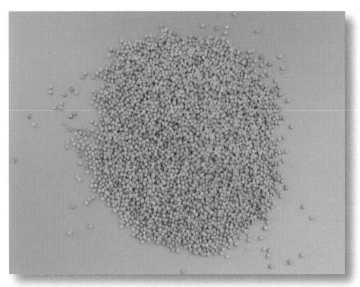

老谷子种子

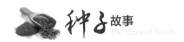
　　首先是她手中的老谷子。谷子是一年生草本植物，谷穗一般成熟后金黄色，籽实卵圆形，粒小多为黄色。去皮后俗称小米，小米可以用来熬粥、蒸饭、做小米糕。用小米做出来的食物口感特别香甜，是我国北方人民的主要粮食之一。

　　其次是白小豆。白小豆是赤豆的一种，形状长圆，皮非常薄，适合做豆饭、蒸豆馅等。做出来的食物软黏香甜、豆味浓，深受大家的喜爱。白小豆适宜在平原地区生长，而延庆属于山区，土地比较干旱，最近几年百姓们很少种植这个品种了。

　　白小豆有一定的健脾除湿、调中益气的功效。一般对于脾胃虚弱、消化不良的人群，可以起到增进食欲、促进消化的作用。白小豆当中富含一定量的蛋白质，因此适当地吃白小豆，可以补充一定量的植物蛋白，提高机体免疫力。

白小豆种子

　　翟翠英有 30 多年的种植经验，她总结出种谷子和小豆要选择土壤通透性好、地势平坦，黑土层较厚、排水良好、富含有机质的土壤种植。谷子不宜进行连作，适宜与豆类、玉米等作物轮作。地块要深耕多耙，施用有机肥做基肥。选择颗粒饱满、粒大、无病虫、无霉变的种子。播前10 天，在阳光下晾晒 1～2 天，忌暴晒。春播以 4 月下旬至 5 月上旬为宜，夏播一般于 6 月中旬前完成。

　　翟翠英种的谷子和白小豆主要是自己吃，但是村里人也习惯吃这些老品种，所以每年秋收之后，翟翠英一家除了留够自己吃的，剩下的都被村里人拿去吃了。"想想如果这一辈老人都种不动了，以后的年轻人也就吃不上这种老谷子了。还是希望好种子能得以延续吧。"翟阿姨轻叹一声表达着遗憾与愿景。

白小豆秧

种子故事 | 岁月如梭，留下记忆中春的清甜

"我们这种植生菜有百年的历史嘞！"五十七岁的王小五难掩自豪之情地如是说。

北京市延庆区得天独厚的地理环境造就了这片钟灵毓秀的土地。延庆的一个村子就是本次种子故事的主人公王小五生活了几十年的家乡，也是老号生菜的生长地。

王小五眼中的村子是个风景宜人、山水秀丽的小村庄，在这里可以摆脱城市的喧嚣，感受大自然赋予人世间的一切美好。村民们过着黄发垂髫并怡然自乐的慢生活，田间小路与绿水青山像极了桃花源，一眼万年。

生菜

（一）历史悠久，做法多样

老号生菜在王小五父亲辈就已经开始种植。因之前居住于山上，物资较为匮乏，生菜因生长周期短，无须配种，成活率高而成为王小五一家首选作物，迄今为止已有百年的历史。老号生菜属于一年生草本植物，高25～100厘米，根系发达，耐旱力颇强，在肥沃湿润的土壤上栽培，产量高、品质好，适宜在丘陵山地生长。王小五一家食用生菜的方式有两种，一种为洗净蘸酱生吃，一种为沸水清焯后加蚝油调味。无论哪一种方法都保留住了生菜清脆爽口的特点，牙尖一咬，生菜的汁水便迸发在唇舌间，沁人心脾的甜美消掉了体内的火气，使人神清气爽。

（二）邻里共种，生长期短

王小五为人热情，与村中邻里友好往来，品质好的生菜他会送与同村的村民们品尝。村民们觉得好吃也会向王小五寻要种子自家种植。长此以往，家家户户都会种植生菜。除了汁水多、口感佳，生长周期短也是大多村民选择种植生菜的原因。每年迎着春天第一场雨，万物复苏之时播种，只需一个月的时间便可收获享用美味。而且一年可以播撒多茬生菜种子，既省时又省力，因周期短暂还不需要施肥。

（三）自吃不卖，秋种最多

全村种的生菜都不卖，原因是村民们并不了解市场销售流程以及线上电商直播平台使用规则。深入细问王小五对网络直播有无兴趣时，他表示直播操作过程太过烦琐，感觉比较麻烦，还是自己种自己吃更好。"今年吃得多就多种点，明年不想吃了就少种点，再种点别的，反正也是自己吃，方便得很！"除种生菜之外，王小五家还会种一些水萝卜、小菠菜等耐寒作物，当然也都是自吃不卖。或许在这怡然自得的小村庄里，这便是最好的生活方式。无关金钱，只为寻得尘世喧嚣中的一丝宁静与淡泊。一年当中，王小五会选择在秋季多种植一些，理由很简单——和大白菜一样

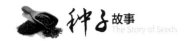

用于冬储。生菜是一种喜凉稍耐寒的蔬菜，不喜高温，苗越幼小越耐寒，最低可耐零下3摄氏度。冬日里一盘热气腾腾的蚝油生菜，可以感受春天留下的清甜味道。待到冬去春来时又可体验"春日春盘细生菜"的咬春之习。这一"咬"，咬出了冰雪消融的清脆之音，咬出了万物复苏的临春之味，也咬出了村民们的淳朴之风。

（四）一人耕作，回忆相伴

回忆起小时候吃生菜的感觉，王小五觉得现在的味道更香甜清脆一些。"应该是因为我每年留种时会挑种，把那瘪的啊，个头不大的啊，水分不足的啊，都扔掉，留下个大、饱满的明年再种。"如此的精挑细选，保证了品质，也留住了生菜的"魂"，仿佛老汤般代代相传下去。

和其他普通的村落一样，子女都会选择出去务工。王小五家也不例外，家里只剩其一人种植生菜。谈及此事时，大爷分外爽朗，"自己种菜自己吃，这菜生长周期短，既不用施肥也不用驱虫药，活儿我一个人都能干，不用操啥心，不累！"到了收获时节，村民们也会相互帮衬。有些今年没种的家庭还会收到别家的生菜。你来我往，和睦相处。

百年的传承是春的馈赠，由此谱写出生菜的故事。时移世易，变的是岁月，不变的是回忆，是唇齿间依旧清甜的味道。

种子故事 | 独乐乐不如众乐乐

段廷岩阿姨第一次收到王小五给的生菜种子这件事，具体是哪一年她也记不清了。只记得当时她去王小五家收种子，王小五就在街上给她了。她看着生菜种子不太熟的样子，心想这焦绿焦绿的竟也打种了！故半信半疑地问王小五："这种子能行吗？"王小五自信地回答："没问题，能出得来的。"段廷岩说："然后他就拿了两把籽撒在院子里了。到了春节它自己就出来了，满院子都是。之后一直留种，打了种子我就把它采下来，还分给别人种。"一直到今天，不仅是王小五和段廷岩，几乎村里的每一户人家都在小院子里种着生菜，打着种子，一年又一年。

村子里几乎家家户户都有小院子，院子里就种自家最常吃的菜。王小五家种的是一些水萝卜、小菠菜、大白菜等耐寒作物。段廷岩家种的是豆角、西红柿、黄瓜、辣椒、圆白菜、菜花等家常菜。萝卜青菜各有所爱，每家每户装点着自己的小天地，种自己喜欢吃的菜。或者是早晨起床一顿美味的早餐，或者是下班回家一顿丰盛的晚饭，或者是老友相逢亲戚做客时的满满一桌香，都是自己辛勤劳作后的丰盛果实。

和王小五一样，段廷岩种的生菜也是不卖的。段廷岩说道："剩得少，也没打算去卖，因为咱也不知道像这种生菜拿去卖有没有人买。如果有人买的话，咱们能多种些，但是现在也没有人做市场调查，不知道有没有人买。"相信这不只是段廷岩阿姨，也是其他农户普遍关心的问题。因为不清楚市场需求，所以不敢贸然售卖。反观消费者亦是如此，因为消费者对这种生菜缺乏了解，导致该产品在市场上难以打开销路。

生菜种子

　　生菜，据记载，起源于欧洲地中海沿岸，由古希腊人、古罗马人最早食用，传入中国的历史较悠久。东南沿海，特别是大城市近郊、两广地区栽培较多。生菜谐音"生财"，有着兴旺发财的寓意，所以人们有在家里摆放生菜摆件的习惯，也有过年时吃生菜的习俗，希望新的一年能够财源滚滚、生意兴隆。段廷岩家里对于生菜的吃法通常也是生的蘸酱吃，或者涮菜吃，有时候家里涮羊肉当作配菜，一家子其乐融融，好不热闹。

　　生菜的一大优势便是抗病虫害。"好多人都种，特别抗病，也不长虫。俺们家在地里撒了一畦子，都打籽了。"鉴于这一优点，生菜成为村民们种植的重要作物之一。种植之前不需要特别处理，直接播种即可，待一两个月后就能享受到美味了。

　　在被问到一年四季生菜种子何时播种最多时，段廷岩选择的时间和王小五有些差异。王小五会选择在秋日种下最多的生菜种子，冬天可以打籽也可以将生菜贮存，秋收冬藏，度过严寒刺骨的冬天。段廷岩则不然，她会选择在清明节后种下最多的生菜种子，在生菜的陪伴下度过一个沁人心脾的春天。

无论是春天还是冬天，是生吃蘸酱还是沸水清焯，生菜的味道依旧是记忆中的甜美。当被问到现在吃的味道和以前的味道是否一样时，两位村民给予了同样的回答——不苦，很甜！这很甜的生菜就这样陪伴了村民们百年甚至更久。

种子故事 | 我与二民豆角

　　北京市延庆区的贾得有讲述了自己与二民豆角种子的故事。这个故事还得从昌平区的一个村子讲起。因地理位置非常隐蔽，新中国成立前闹土匪的时候，那个村子经常藏有土匪，所以那里在很早以前叫"土匪窝"。1992 年，34 岁的贾得有和朋友去北京市昌平区的那个村子看望朋友的姐夫。姐夫是养蜜蜂的，所以每年贾得有都会和朋友去采蜂蜜。偶然发现蜂箱旁边长了一株豆角秧子后，贾得有每次去的时候都会看看这棵豆角秧。终于有一天豆角长熟了，贾得有将熟了的豆角带回家和家人们一起品尝。大家都非常喜欢吃，所以贾得有就将这个豆角的种子留了下来，第二年开始种植，这一种就是三十多年。因为这棵豆角是贾得有和朋友一起发现的，所以起名为"二民豆角"。

　　一直生活在延庆区的贾得有自从种上二民豆角之后，就打开了自己在村里甚至周围几个村的知名度。随着豆角的产量越来越高，贾得有就将豆角拿到村里市场去卖。没想到买过的人都说好，于是每次都会有很多百姓来市场上找二民豆角。二民豆角的种植不仅给贾得有带来了经济收益，给他所居住的村子带来了知名度，还给大家带来了口福。贾得有希望村里能够重视这个老种子，扩大种植，将二民豆角传播到更多的地方，让更多的人吃到这好吃的豆角。

　　二民豆角在 5 月底开始种植。它的生长期差不多 70 天。大约在 7 月10 日，就可以摘豆角了，90 天可以收干豆了。种植时不能种太密，植株要通风透光才能长得更好。在此期间，要在种子种下 20 天左右给其搭架，让豆角爬得更高。如果有蚜虫的话，要及时打药。豆角可以一直持续生长到 9 月，直到下霜，就可以拉秧了。豆角特别好管理，不用特意去松土施肥，种下之后只需多浇水就可以了。

二民豆角秧

贾得有夫妻两人一起种地，贾得有负责技术，妻子负责干活，他们将自己的土地管理得井井有条。孩子们平时上班忙，等到休息的时候也会回来帮他们一起干活。贾得有 1990 年才开始种地，当时有 20 亩地，种玉米、果树、蔬菜等作物。2014 年，贾得有家流转出了 1 亩地。2016 年又被收走了小 7 亩地。就这样每年都会流转走一部分地，到如今只剩下 8 亩地了。贾得有是从 20 世纪 90 年代开始种植二民豆角的。成规模地种植只

种了三年，每年种半亩地，然后运到集市上售卖，能卖很好的价钱。三年之后，因为圆白菜能卖出更好价钱，贾得有就减少了豆角种植规模。最近几年，为了自家吃，贾得有又种起了二民豆角。

贾得有种的豆角，一棵秧能结100多根豆角，产量非常大。豆角肉荚肥厚，有非常高的营养价值，可以用来做豆豉、炒着吃、炖着吃等。

贾得有详细地介绍了一种二民豆角的吃法。二民豆角收获之后，首先将豆角撕去老筋去头去尾，土豆去皮切滚刀块，葱切段，姜切片；然后锅中热油，放入葱、姜、花椒、大料炒香，放入肉块翻炒均匀，烹入料酒，放入土豆、豆角翻炒均匀；最后加老抽、盐调色调味，加适量清汤没过肉菜，大火烧开，小火炖煮约三十分钟。一道香喷喷的土豆炖豆角就出锅了，味道鲜美，老少皆宜。

二民豆角种子

种子故事｜传承农耕文化，保护老种子

　　北京市延庆区的李宪荣讲述了自己与八趟白玉米、牛腿南瓜的故事。60 岁的李宪荣先生自 2011 年起在村里担任村级全科农技员，主要职能是技术指导和信息沟通。他不辞辛苦，一直干到现在。李先生说老种子是传统农业的一种体现，如果把老种子弄丢了，农耕文化就不完整了。作为一名普通的农民，他觉得自己有权利和义务去传承农耕文化，去保护老种子。

　　2020 年，李宪荣开始种植八趟白玉米。起初因为周围的邻居都种，听到大家说很好吃，于是李宪荣想自己种种，看看这个老品种到底有多好吃。果不其然，玉米籽粒大，品质好，自从种上之后就没有中断过。就这样，李先生一直种到现在。

八趟白玉米

　　玉米是重要的粮食作物和饲料作物，也是全世界总产量前三的农作物，其种植面积和总产量仅次于水稻和小麦。玉米一直都被誉为长寿食品，含有丰富的蛋白质、脂肪、维生素、微量元素、膳食纤维等。八趟白玉米在延庆已经种植了七八十年了。根据李宪荣先生描述，玉米可以在每年的春、夏季进行播种。种植前，需要把种子放在阳光下晒一晒，以提高种子的发芽率。为了给幼苗提供足够的养分，需要提前施农家肥。播种之后要增施化肥，来保证幼苗生长有充足的养分。种植玉米的土地要平整，这样播种下去的种子才会深浅一致，出芽才会整齐。水浇地种植的密度大于旱地的密度。播种时的深度一般 5 ～ 6 厘米为宜，播种时因地制宜调整播种的深度。不同地区的气候不同，栽种时间也有所差异。

　　种植玉米可以在每年的春、夏季进行，春季的 4 ～ 5 月份或夏季的7 月份。

　　将籽粒饱满的种子播撒在田地中，覆土浇一次粪水。如果土地比较干，则要重压；如果水分比较多，浅压即可。

八趟白玉米秧

玉米有多种吃法，可以煮着吃、炖汤、炒玉米粒、磨成粉蒸糕等。民间流传着一种可以治糖尿病的偏方，就是用玉米须泡水饮用，或将玉米须煮粥食用，还可以用玉米须加瘦猪肉煮汤。这些方法对糖尿病都有不错的疗效。

牛腿南瓜也是李宪荣先生介绍的一个老品种。李宪荣从 2006 年开始种植牛腿南瓜，产量一直不错。牛腿南瓜属于晚熟品种，果实长筒形，末端膨大，内有种子腔。果肉粗糙，肉质较粉，耐贮运。全生育期110～120 天，单果重 15 千克左右。这个品种的南瓜蒸着吃有栗子味，香甜软糯，也可以炒着吃，味道鲜美。提到南瓜的种植，李先生娴熟地道来：南瓜其实对土壤要求不严格，如在农村的路边、地头、房前屋后都会看到南瓜棵，最好别种在黏土和低洼地带。南瓜对堆肥或厩肥等有机肥有良好的反应，像房前屋后栽的南瓜，村民施上两锹粪肥，那南瓜长的，叶绿油油的，瓜油头乱滚的。因此要想南瓜高产优质，就要多施点有机肥。栽南瓜的地块最好是起畦栽培，沟深畦高利于浇水和排水，一般畦宽 2 米左右即可。可以用拱棚栽，也可露天播，可套种蔬菜，如西红柿、矮生菜豆、蚕豆等，也可套种玉米、高粱等。南瓜可以育苗移栽，也可直播，早熟栽培最好是育苗移栽，中、晚熟栽培可直播。无论育苗还是直播，播种前用 30 摄氏度左右的温水浸泡 3～4 个小时，催催芽再播种较好。

牛腿南瓜种子

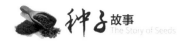

　　南瓜的肥水管理要根据其生育阶段、土壤肥力和植株长势合理安排。南瓜苗如果叶色淡而发黄，可结合浇水施肥，追好发棵肥，如粪肥、三元复合肥等。如果在南瓜伸蔓前，土壤墒情较好，尽量不浇水，应抓紧中耕提地温，促根系发达，以利壮秧。中耕不仅疏松土壤、提地温、除草，而且还保湿。中耕可分两次，第一次在浇过缓苗水后，不要松动根系周围的土壤，防止伤根。第二次在瓜秧开始倒蔓向前爬时进行，可往根部培土形成小高垄，以利排水。这叫"中耕与除草，南瓜哈哈笑"。如果发棵肥充足，此阶段主要是控水控肥防徒长，以免影响开花坐果。如果发棵肥和基肥不足，应该重视追肥。追肥时在植株根部周围挖环形沟施肥比较好。这叫"挖沟施肥好处多，增强开花多结瓜"。等南瓜进入生长中期，坐住 1～2 个南瓜纽时，应在瓜秧封行前重施肥，以保证有充足的营养促进南瓜膨大和多结瓜。可以结合浇水追施尿素或复合肥，如每亩追施尿素 15～20 斤，或者三元复合肥 30～50 斤。在南瓜开始收获后，追施化肥可防止植株早衰，增加后期产量，可以氮肥和复合肥配合施用。如果不想收嫩瓜，而是收老南瓜，后期就无须追肥，只要浇 1～2 次水即可。

牛腿南瓜秧

　　南瓜有很高的营养价值，所含果胶可以保护胃肠道黏膜，免受粗糙食品刺激，促进溃疡面愈合，适于胃病患者食用。南瓜所含成分能促进胆汁分泌，加强胃肠蠕动，帮助食物消化。南瓜叶含有多种维生素与矿物质，其中维生素 C 的含量很高，具有出色的清热解毒功效。夏季时用南瓜叶煮水喝，可以起到消暑除烦的作用。

种子故事 | 妫水河畔的白不老

延庆区是北京市西北部重要的生态屏障和饮用水源地、首都生态涵养区，对于整个北京市乃至华北平原地区来讲，延庆区都有着重要的生态发展地位。近年来，随着习近平同志提出"绿水青山就是金山银山"的发展理念，延庆区的发展也紧随其后，通过发展无污染绿色产品的模式，践行着新时代农村发展的新理念。

自古以来，人们就选择平原、盆地等地势平坦的位置，逐水而居。延庆区水资源丰富，优越的地理位置有利于人们进行农耕，形成了丰富的农耕文化。延庆区东部、南部和北部群山环绕，农耕文化遗址主要集中在西部和中部地区。

延庆长城文化带沿线村庄沿长城呈线性紧密分布，东部沿线村庄集中在长城的西侧，南部沿线村庄集中在长城的北侧，这些村庄大部分是屯兵或堡寨类村落。

主要河道有妫水河、龙湾河、新华营河、清泉铺河、青龙潭河，共五条。域内最大的河流为妫水河，发源于黄龙潭和黑龙潭，由新华营河、古城河等十几条河流汇合后形成。良好的水脉条件造就了这里良好的农业发展水平，也催发了这片土地小农经济的蓬勃发展。

历史上，这里的粮食作物以玉米、谷物为主，经济作物以药材、油料为主，在蔬菜种植上，又以白菜、土豆为主。

截至 2019 年末，延庆区农业产值在农林牧渔业总产值中占比达四分之一。农业在延庆长城文化带沿线乡镇所占比例较高，主要农产品有玉米、核桃、杏、葡萄等。以井庄镇的玉米种植为例，井庄镇位于延庆中部，北部地区依靠种植业带动区域整体产业发展。

白不老豆角种子

与延庆的大多数农业从业者不同，居住在延庆区的王春亭，则主要以豆角，尤其是白不老豆角这一特殊品种作为自己家的主要作物。目前已经种植了将近 50 年的时间。

白不老豆角，也叫老来少、超级白架豆，山东人称九粒白莲豆，在江南又称四季豆，东北人叫双季豆，统称菜豆。白不老的豆荚呈浅白色，豆子较大，外观似老，但吃起来非常鲜嫩。白不老的豆荚质感疏松，非常容易烹调入味。炖或焖都非常好吃，将它和肉或者排骨一起炖堪称经典搭配，口感软烂、香气扑鼻。王春亭也是因为该豆角的口感好，不易发生病虫害，才在这近半个世纪的时间中持续种植白不老豆角。

根据王春亭介绍，种植白不老豆角要选择土层深厚、疏松的土壤。在茬口的挑选上应避免与其他豆类作物连作，"每年都需要换地种植，不能连着种"。每年大约在 5 月份进行种植，具体的时间要根据当年的情况具体安排。

随着年岁渐长，曾经以农业为主要收入来源的王春亭如今也已经过上了退休生活。目前的种植面积也仅仅局限于家中小院。但即使如此，对于家中人口来讲，白不老豆角的产量也已经足够。这近 50 年来，王春亭每

年都会播种白不老豆角，年年留种，并将自己留的种子慷慨地分给周边的邻居，让大家一起种植。但很遗憾，白不老豆角的种植并没有在村里形成规模，大家主要还是以供自己食用为目的去种植。

白不老豆角花

在种植模式上，王春亭依旧遵循祖意，用自己的体力和汗水与土地进行交换，用自己的辛勤劳动换取大地的回馈。哪怕是在这个物流运输发达、农资设备齐全的时代，也依旧秉持初心，使用传统农家肥进行种植。一方面是长期的种植习惯导致的，同时农家肥的成本比较低，种出来的蔬菜味道相对来说也好很多。另一方面，过量施用化肥会对作物、环境和人体造成危害。如果没有掌握正确的用量与用法，就会导致菜地里的菜死掉。

王春亭在和我们交流中，还告诉我们现在外边买来的种子基本都是杂交种子，不能自己留种，种了自己留种的杂交品种，就会表现出植株高矮不一、果实有大有小、成熟早晚不一，产量和商品性都会大大降低。而自己家种了几十年的老品种都是常规种，每年挑选健壮的植株留种，可以保证品种性状不变。对于王春亭来说，高产并不是他种植的主要目的，而一个优质的老品种，对于王春亭这样种了一辈子地、如今已经准备颐养天年的农村人来讲更有意义。

种子故事｜延庆红黍子

　　这是一个充满故事和生命力的地方——延庆区，隶属北京市，地处北京市西北部；东邻怀柔区，南接昌平区。作为首都经济圈的生态"高地"，延庆拥有山、水、湿地、园林等生态资源要素，已然成为首都生态文明成果的展示窗口。生态景观化、大地园林化造就的良好环境，为延庆特色农业发展带来了机遇，设施农业、林下经济、旅游休闲、籽种农业可持续发展，呈现出"美丽延庆——北京画廊"的喜人景致。同时，北京延庆地质公园入选联合国教科文组织世界地质公园网络名录，被授予"中国·延庆世界地质公园"称号。2016 年，延庆区被列为第三批国家新型城镇化综合试点地区。2019 年，被列为国家知识产权试点城市。同年 2 月，全国爱卫会决定，命名北京市延庆区为国家卫生城市（区）。

　　本篇故事介绍的种子所在地就位于北京市延庆区，这里没有沾染过城市的喧嚣，没有城中心灯红酒绿的迷离，没有市区车水马龙的嘈杂。水泥与土路交织，石砌的院墙，自然原本的绿意，毫无修饰，多了些许纯真，保留了最初朴实的模样。分散的田地中，玉米棒子和高粱举着胜利的果实，红黍子和谷子弯着腰，头点着土地，处处透着乡村田园本有的恬静安适。几十公里外北京城区的喧闹与吆喝仿佛被大山隔绝在外，仿若两个世界。时光悠悠，节奏缓缓。在这无人打扰的小村中住着武山一家。

　　武山已过耳顺之年了，在偏僻小村生活了一辈子，也被红黍子的谷香熏染了一辈子。闻香识人，循着味道的方向，可以追溯人的一辈子。武山这辈子被红黍子谷香严严实实包裹着，放眼望去，像他这样的人不算少数。可以说，他是这片大山深处无数朴实农民的缩影，日出而作，日落而息，面朝黄土背朝天，忙忙碌碌却也有节奏地过着这一生。

村子说大不大，大约十八亩红黍子地就占了全村大约小半的作物来源。黍子，单子叶禾本科作物，一年生草本，生长在北方，耐干旱，叶子细长而尖，叶片有平行叶脉，籽实也叫黍米。一般五月份种植，八月份收获，其易生长，一般种植后不用怎么浇灌照顾，靠自然的雨水就能收获，营养价值很高。

红黍子种子

追根溯源，这里种植黍子的历史，就连武山也无法确切地知道到底从何时开始的，他只知道打记事儿起村中就种植着这种籽粒小而圆的作物，从小吃着自家种出来的红黍子磨的面制作的年糕，那香软黏绵的味道，是武山朴实的心中家的味道。武山记忆中，到了端午节，家家户户都会端出自家的红黍子面做成的粽子分给邻里乡亲，粽叶包裹着黍香飘荡在深山小村中，弥漫在孩子们的心头。小村虽闭塞，亲朋邻里却好似一家人，你家的红黍子熟了，亲朋好友便一起帮忙收获。等我家的也熟了，不用多说，

邻里街坊就来了，收完黍子收谷子，八九月的村子总是一派热火朝天的景象。

红黍子相较于传统的白黍子更有黏性，产量更高，很受村民欢迎。而传统的白黍子随着种植时间的延续，渐渐开始退化，黏性降低，产量下降，慢慢地，村里就不见有多少人种植记忆中的白黍子了。种植技术也在改变，越来越多的化肥进入村庄，一个电话，化肥厂就能把化肥送上门，农家肥逐渐被取代，作物的产量增加了，人们的生活在改善，小村不再闭塞，时不时会有游览百里山水画廊攀登南猴顶的游客经停在村子里，为村民的作物打开了市场，黍米的卖价越来越高，但在武山心中，总感觉有什么变了。

要想富，先修路。路通了，来的人多了，村里留下的人却越来越少了。年轻人都外出打工，村中只留下老人和一些儿童，还有老人一辈子的回忆；化肥用得多了，红黍子产量上来了，吃到嘴里却嚼不出曾经绵软粘牙的香味了。种的人越来越少，口感也与小时候的味道差得越来越远。到了农忙时节，村里的乡亲们依旧会热火朝天地互相帮衬，东家收完去帮西家，一起收黍子、收谷子，收了你家收我家。在岁月的洗涤中，儿时的玩伴不知不觉已经变成了花甲老人。武山有时回忆起小时候会不由得担心，这家业产业怎么办，以后年轻人是否还会继续在这片土地上种植黍子，孩子们忙农活收不过来，自己年纪大了帮不上忙怎么办。但现在年轻人都去打工了，有了各自的想法与目标，彼此联系没有自己小时候紧密了，届时他们会互相帮衬吗？或者，他们见到了大城市的繁华，还愿意留在这小村里过面朝黄土背朝天的日子吗？他们还会种挣不了什么"大钱"的红黍子吗？

也许再过几年，武山还在种着自家的红黍子，再种一些小菜，足以自给。武山永远保留着刻在骨子里的技艺，坚持使用那麻烦又传统、被现在人淘汰的农家肥浇灌自家的土地。也许，小小红黍田并不能带来什么经济效益，只是为了留住记忆中那一口黏软甜糯的黍香，也许还为了自家那永远回不来的记忆，为了那些远去的人们。

种子故事 | 甘薯情

　　"很多辈人，是离不了土地，离不了地瓜的。"第一次与刘汉春交流时，他不假思索地说道。丰收时，孩童嬉笑，甘薯遍野，农民用笑脸回报自然的馈赠。他们收获的不只是果实，更是对生活的殷殷期盼。延庆区的甘薯种植历史悠久，延续下来的白甘薯（又称地瓜）因其色泽鲜艳，口感好，淀粉含量高受到广大消费者的欢迎。地瓜营养价值很高，蛋白质组成比较合理，特别是谷类食物中比较缺乏的赖氨酸在地瓜中含量较高，其营养成分也很容易被人体吸收。地瓜所含矿物质对于维持和调节人体功能，起着十分重要的作用，还有防癌抗癌之功效，有"长寿瓜"之美誉。

　　地瓜原产于中美洲热带地区，后由西班牙传入菲律宾。16 世纪末，随着早期探险家和商人的洲际往来传入中国。现今，中国的地瓜种植面积和总产量均居世界首位，主要种植在山东、河南、北京等地。地瓜作为高产作物之一，喜温、怕冷、不耐寒，适宜的生长温度为 22 ～ 30 摄氏度，低于 15 摄氏度时停止生长。不同生长期对温度要求也不同，适宜的温度可以促进植株长势良好，确保根块数量及根块膨大。

　　地瓜是北京市延庆区的优势作物，本篇故事介绍的种子所在地就位于北京市延庆区。这里耕地面积大，地瓜是支柱产业。此地因位于河流冲积扇上，与周边几大农业园区构成多条精品休闲农业旅游路线。村里的地瓜宴更是远近闻名，有鱼香薯丝、地瓜粉蒸饺、地瓜炸糕、拔丝地瓜、地瓜小米粥等。现在我们对地瓜的吃法，早已不再是以前简单的蒸烤煮。但是万变不离其宗，无论怎样加工，地瓜那份独特的甘甜都不会变。

　　据村民刘汉春讲述，种植地瓜三月份就开始忙活，气温回升，流水潺潺，枯木又逢春。这是育苗的好时节，错过这个时节就要去街上买秧苗。育苗首先要选址，必须是北高南低、背风向阳的地方，这样才能保证秧苗茁壮成长。开垦一小块土地，撒点农家肥和泥土混匀，在地的两边均匀打上小眼，眼里插上已经半弯的竹竿，最后把塑料薄膜摊开覆盖在竹竿上固定好，秧苗棚子便搭建好了。下一步就是育苗了，把储藏一冬的甘薯取出，用药水浸泡十几分钟，防止将来在土里因虫害发霉腐烂，然后把甘薯大头冲下，主根朝上，稍微倾斜，一排一排埋进土里，无须过多照料，按时浇水即可。不久，一块块地瓜化身绿色的秧苗破土而出，燃起了农民又一年丰收的希望。四月份，便要去田里起垄，在休整了数月的土地上用犁将两边的土往中间垄，以受热均匀、方向南北为好，一条条整齐的垄在田间铺设开来。起好垄就要插甘薯秧了，用锄头在平整的垄面上刨出小坑，坑里倒水，等水都渗到垄里，把早就培育好的秧苗一棵棵插入坑内，然后再用土把坑埋好。刚栽下去的秧苗总是有几天无精打采，这个时候通常都会下一场雨。"春雨贵如油"在地瓜种植上体现得淋漓尽致。地瓜秧经过春雨淋浴，逐渐恢复往日的神采，就像沙漠里干渴的骆驼发现了绿洲。

白甘薯秧

　　经过盛夏漫长的考验，长长的地瓜秧子为了藏起生涩的果实而蔓延整片地，只等成熟在深秋。当地瓜垄裂开了一条条缝，便可以收获了。这时，他们会拿着镰刀从根处割断保护了地瓜一夏的地瓜秧。地瓜秧也明白已经完成守护地瓜的使命，心甘情愿地在深秋离去。而农民绝不会丢弃割下来的地瓜秧，它摇身一变就成了家畜的口粮。割完地瓜秧，主角便开始登场，家里的男丁挥舞着锄头劳作在田间，妇女和儿童便开始捡拾地瓜，不一会儿便能堆成小山。

　　如今，农业合作社的开展和农业机械化的普及，使得地瓜种植早已不是当年模样。近百亩土地上挖薯机在不停地穿梭，一排排体态饱满的地瓜铺满田间地头，景象甚是喜人。但刘汉春永远都会记得跟在父亲身后捡地瓜的日子，那是跟不善言辞的父母间极少的温情相处。地瓜收获以后会挑出最好的放在家里食用和储藏，循环往复地等下一个春天的来临。以前，剩下的地瓜一般会就近卖给淀粉厂做成粉皮粉条，价格几毛钱一斤。现在借助网络平台，地瓜已经卖到了全国各地。说到这里，刘汉春的语气颇为自豪。平日里只有刘汉春夫妻俩，儿孙都已经工作安稳，在城里各自安家，每年农忙秋收时都会来帮忙。他们是农民的孩子，不管飞得多远，这片地就是根，地瓜就是根。

　　对于刘汉春及刘汉春的子女来说，地瓜是他们这辈子感情的寄托。社会高速发展到今天，再也没有了"采菊东篱下，悠然见南山"的洒脱，再也不用"日出而作，日入而息"地劳动，却也少了"小桥流水人家"和炊烟袅袅的感觉。时间没有终点，谁也不知道未来是什么样子，我们能做的，就是不让地瓜的故事永远封印在这个年代。

　　其实，从刘汉春的讲述里可以看到，他看似忘不了地瓜，其实是想要记住以前的生活。可谁又不是这样呢？刘汉春一家只不过是中国千千万万农民家庭的一个缩影。如今，年轻人为了生活奔波四方，只剩下父辈囿于村庄，守几亩薄田，寻几丝回忆。那一块地瓜，早已不再是一块地瓜。

种子故事｜最后一亩谷子地

　　延庆区，隶属北京市，地处北京市西北部；东邻怀柔区，南接昌平区，西与河北省接壤，城区距北京德胜门74千米。平均海拔500米，气候独特，冬冷夏凉，素有北京"夏都"之称。本篇故事介绍的种子所在地就位于北京市延庆区东北部，与怀柔区毗邻，村附近有八达岭长城、北京世园会、八达岭野生动物园、水关长城、松山国家森林公园、北京野鸭湖国家湿地公园等旅游景点。

　　在这片自然环境优越的小村庄中住着郝久莲一家。郝久莲已近古稀之年了，与这片土地为伴也近70年了。谷子作为一种粮食作物，是郝久莲生活中不可或缺的一部分。

　　谷子属禾本科植物。古称稷、粟，亦称粱。一年生草本植物。谷穗一般成熟后金黄色，籽实卵圆形，粒小多为黄色。去皮后俗称小米。粟的稃壳有白、红、黄、黑、橙、紫各种颜色，俗称"粟有五彩"。谷子性喜高温，属于耐旱稳产作物。曾经，谷子作为郝久莲家甚至整个村的重要粮食作物，占据着十分重要的地位。小米可蒸饭、煮粥，磨成粉后可单独或与其他面粉掺和制作饼、窝头、丝糕、发糕等，糯性小米也可酿酒、酿醋、制糖等。谷子不仅可供食用，入药有清热、清渴、滋阴、补脾肾和肠胃、利小便、治水泻等功效，又可酿酒。《本草纲目》记载："养肾气，去脾胃中热，益气。陈者：苦，寒。治胃热消渴，利小便。"

　　据郝久莲介绍，自记事起，家中便种植谷子；而到了人民公社时期，谷子更是重要的粮食作物。随着科技的进步和人们对农作物需求的改变，曾经村子里种植最多的农作物——谷子，种植面积和种植人数在不断减少，玉米种植反而在不断增多。

"眼皮薄"白谷子种子

　　谷子从播种到拔苗再到收割脱皮，需要经过非常烦琐的程序，也需要较多的人力。拔苗需要将多余的谷苗都拔了，留下长得比较好的谷苗让它们更加茁壮成长。拔苗是一件十分费力的事情，需要顶着太阳，蹲在地上，一步步地往前挪。早先，谷子地的种植面积大到一眼望不到头，拔苗时经常拔一会儿站起来歇一会儿，十分费力！如此费劲的拔苗只是谷子种植的其中一步，到收割的时候会更加忙碌。谷子的收割，基本上还是用镰刀人工收割，割完之后还得把谷穗和谷秆分开，把谷穗装在袋子里带回去。回去之后还要用机器把谷穗打成一粒粒的，最后还需要去村中的磨坊里用机器脱皮才能吃上小米。以前用的机器是木头做的手摇的那种，现在换成电动的了，相对方便一些。种植谷子最令人头疼的就是麻雀，小米不仅是我们喜欢的食物，也是麻雀等鸟类最喜欢的。如果不采取一些措施，几天内就会被麻雀糟蹋得不像样子，这也是种植谷子的一项费力之处。总

之，不管是种植还是收割，都需要投入较大的精力。而且谷子的生长周期长，春季种植，秋季收获，一年之中这块土地只能种植一季，而玉米成熟期仅仅需要三个月左右，小麦收获之后种植玉米，一年可以收获两季，而且小麦和玉米相对容易管理，基本上全程机械化操作。

如今，人民的生活水平越来越高，种植谷子的人却越来越少了。现在村里每家最多有一两亩土地种植谷子，越来越多的人改为种植玉米。郝久莲介绍说，谷子的生长过程耗费大量的人力物力，且收成较为不固定，现在谷子已经不再是村民们的主要种植作物。尽管如此，村中的每家每户仍保留了一两亩地用来种植谷子。这些谷子不是作为家庭的经济来源，而是用来自己吃或者送人。像郝久莲家一样留有"最后一亩谷子地"的人家还很多，种植谷子的大多是上了岁数的老人，谷子对于他们来说不再是赖以生存的作物，而是充满回忆的一份情怀。

古有伯夷、叔齐"不食周粟"，饿死于首阳山。唐朝诗人李绅《悯农二首》诗云："春种一粒粟，秋收万颗子。四海无闲田，农夫犹饿死。""锄禾日当午，汗滴禾下土。谁知盘中餐，粒粒皆辛苦。"谷子所蕴含的粟文化深深烙印在人们的精神世界中，并深刻影响着人们的思维。在粟文化的影响下，培养出了华夏子孙艰苦奋斗、坚韧不拔的优秀品质，以及关注民生、珍惜粮食的人文情怀。

种子故事 | 写在北京延庆的故事

本篇故事介绍的种子所在的村子位于北京市延庆区，该村拥有丰富的历史文化和民俗文化，周边还拥有诸多景区。充足的资源禀赋成就了一批当地的乡民。此次，采访的是一位年高 72 岁的老农民吴连秀。

吴连秀家里种植的是红谷子，属于禾本科狗尾草属。它属于谷子的一种，壳红色，籽粒颜色黄中透红，又被叫作金小米，比普通小米略小，好煮易熟。村里拥有独特的气候条件，昼夜温差大，白天光合作用强，利于碳水化合物积累，晚上气温低，植物呼吸作用弱，使得红谷子在生长过程中可以累积大量的营养物质。据测定，其蛋白质含量达到 11.2% ～ 13.4%，比普通小米高 1% ～ 3%，所含蛋白质、脂肪均高于面粉和大米；人体必需的氨基酸含量丰富且比例协调。红谷子小米粗纤维含量低，是孕妇、幼儿、老人的食用滋补佳品。丰富的营养价值使得老人把它当作早餐、晚餐的首选。

当然，事物都具有两面性，自然总是公平的，赋予了红谷子突出的口感和较高的营养价值，伴随而来的劣势就是产量低，这也是红谷子无法在平原地区大规模种植推广的原因。由于吴连秀家地处偏远，交通不便，再加上红谷子产量低，所以生产出来的小米主要是自己家里食用。除此之外，由于种植面积小，红谷子种植无法机械化，收割、脱粒、晾晒等工序，均只能人工完成，因此在谷子收获季节会比较忙。

问起吴连秀种植红谷子的原因，老汉笑嘻嘻地说道："离家近，图个省事，再一个就是，这算是一个传统，以前家里边儿一直都是吃的红谷

子，习惯了，健康就好。"从吴连秀的话里不难看出作为农民的温良品质，以及当下对健康美好生活的期许。据吴连秀介绍，他们村的年轻人已经不多了，愿意自己种植粮食的人更少，种植户大都是像自己这样的老人。谈到这里，我意识到城市化的发展带走了村中的许多年轻人，乡村原有的社会结构在新世纪城市化的发展热潮中逐渐发生了改变，乡村的可持续发展需要新鲜的血液注入。

红谷子种子

在谈及种子问题时，老人家说以前都是自留种；现在不同了，现在在种的大多数作物都是去本地的交易中心直接购买现成的种子。但吴连秀种的红谷子一直是自己留种，每年秋收后挑选颗粒饱满的谷子储藏起来，到第二年春天再播种。他沿袭着这种传统的耕种方式，辛勤地去劳作，享受丰收以及上苍的恩赐。

每一年的辛勤劳作，最终都会化成汗水洒在这片自己熟悉并且引以为傲的大地上。收获就是大自然最好的馈赠，一口口香甜的粮食吃在嘴里，甜在心里。不仅仅是一口吃的，更是一段记忆。也许多少年以后，大家不会记得你我，但是只要有老种子在，这种味道就会一直保留下去。

随着乡村振兴的有序进行，保护自给自足的传统耕种习俗文化也显得尤为重要，这也是新时代下乡村振兴的重要内容。